알기쉬운 전자기학

알기쉬운 전자기학

이 현 용 저

전남대학교출판부

| 머리말 |

기술의 융합(fusion technology)이라는 기조가 산업 전반에 걸쳐 회자되고 있는 시점에서 대학 커리큘럼에서도 많은 변화가 오고 있다. 특정 전공에 국한됨이 없이 다양한 분야를 접하므로 학생들의 창의성을 자극하여 교육에 대한 시너지효과를 올리려는 노력이 필요하다.

전기/전자/컴퓨터공학 등 전자계열 전공 학생뿐만 아니라 광기술/화학공학/신소재 등 소재를 다루는 비 전자계열 전공자에게 있어서 소재/소자/시스템의 정성적, 정량적 특성을 효과적으로 이해하기 위한 도구의 하나가 전자기학적 해석이다. 그럼에도 불구하고 전자기학이 추상적인 개념과 벡터 표현을 기초로 하기 때문에 비 전자계열 학생들이 접하고 이해하는 데에 어려움이 있는 것이 사실이다.

전자기학의 기본 이해 없이 반도체, 광학물성 및 광통신 시스템 등을 공부하는 학생들이 겪게 되는 어려움을 보면서 비 전자계열 학생들이 쉽게 접하고 이해할 수 있는 전자기학 책자가 있으면 좋겠다는 생각을 해 왔다.

응용화학공학부, 대학원 광공학협동과정 및 신화학소재공학과에서 공업수학, 반도체공학, 광학물성 및 전자기학관련 과목을 강의하고 있는 본인으로서 알기 쉬운 전자기학 관련 책자를 개발하여 이를 학생들에게 강의하는 것은 응용화학공학 분야 교육자로서 매우 큰 기쁨이 될 것이다.

교재내용은 전자기학의 기초가 되는 벡터가 갖는 수학적인 면 이외에 언어적인 면을 이해할 수 있도록 기술하고 벡터 언어를 사용하여 전자기학 전반을 설명하고 이해할 수 있도록 노력하였다. 또한, 전기현상과 자기현상과의 연관 관계를 정확하게 벡터언어로 기술할 수 있도록 하므로 전자기학 전체를 이해할 수 있도록 하고, 공학적 단위체계를 기반으로 전체 시스템을 보는 방법을 기술하고자 하였다.

제1장은 벡터의 기초로 공학적 측면에서 벡터의 기초, 벡터의 미분, 벡터 좌표계 등을 이해하고 분석기술을 다뤘다. 제2장은 정전계에서 중요시 다루는 제반 기초 이론을 기술하였고 제3, 4장은 도체계, 정전용량 및 유전재료에서의 전계 특성을 다루었다. 제 5, 6장은 정자계, 자성체 및 전류의 자기작용을 정전계 특성과 비교하며 기술하였다. 따라서 2,3,4장을 자세히 공부한다면 5,6장 개념은 쉽게 정립될 수 있도록 하였다. 제7장은 전자유도현상, 제8장은 전자계와 전자기이론을 종합할 수 있는 맥스웰 전자기 방정식을 유도하고, 매질에서의 전자기의 기본 특성을 이해할 수 있도록 하였다.

본 서를 통해서 전자계열 전공 학생뿐만 아니라 광기술/화학공학/신소재 등 소재를 다루는 비 전자계열 전공자에게 조금이나마 보탬이 되길 기원합니다.

2010. 12.

이 현 용

| 목차 |

제4장 유전체

제5장 정자계와 자성체

제6장 전류와 자기작용

제7장 전자유도

제8장 전자계와 맥스웰방정식

[제1장]

벡터의 기초

벡터(vector)는 전자기현상(electromagnetic phenomena)에 관한 제반 법칙들을 간단히 함축하여 표현할 수 있는 언어라 할 수 있다. 그래서 벡터의 개념과 해석법을 습득하므로 특수 현상을 벡터 언어로 표현할 수 있고 역으로 함축된 벡터 언어를 서술해 내는 것이 가능하게 된다. 이와 같이 벡터는 전자기학뿐만 아니라 다양한 공학 분야나 물리학 등을 공부하는 데 있어서 반드시 습득해야 하는 기초 부분이다. 물론, 전자기에 대한 제 현상을 크기만을 갖는 스칼라(scalar)로 풀이할 수도 있으나 크기와 방향을 갖는 벡터로 풀이하는 것이 보다 간단히 정리할 수 있기 때문이다. 특히, 전기자기학에서 벡터해석을 이용하는 또 하나의 이유는 수학적 단순화에 더하여 물리적 의미를 포함하고 있기 때문이다.

스칼라는 길이, 속력, 질량, 각도, 온도, 일, 비열, 전력, 전압, 전류, 저항, 삼각형의 면적, 입방체의 체적 등과 같이 그 크기만을 가지고 성질을 표시할 수 있는 양이며, 변위, 속도, 가속도, 힘, 전계, 자계 등과 같이 크기와 방향을 동시에 표시하여야 그 상태를 완전하게 기술할 수 있는 양이 벡터이다.

본 장에서는 벡터의 기본을 익힘으로 앞으로 다루게 될 전기, 자기의 제 현상 및 전자기학에 대한 이론들을 이해하는 데 어려움이 없도록 하기 위한 벡터대수학의 기초, 스칼라량과 벡터양 간의 상호 작용을 설명할 수 있는 미분연산자의 개념과 활용, 그리고 벡터에 대한 공간좌표 표현 및 변환기법을 설명한다.

1.1 벡터대수학의 기초

물리적인 양이 크기와 방향으로 완전하게 표현되는 양을 벡터라고 한다. 이때 벡터는 위치와는 무관한 것으로 고려하며, 화살표로 도식화할 수 있다. 화살표의 길이를 크기, 방향을 벡터의 방향으로 약속한다. 따라서 두 벡터가 같다는 것은 공간을 평행 이동하여 두 화살표(크기와 방향)가 일치할 때이다. 임의의 벡터는 고딕의 굵은 글자 **A** 또는 화살표를 갖는 $\vec{A}$로 표시한다. 벡터 $\vec{A}$의 표현은 크기 A(또는 $|\vec{A}|$)와 방향을 나타내는 크기 1인 단위벡터(unit vector) $\widehat{a_A}$(또는 $\overrightarrow{a_A}$, a_A)의 조합으로 표현한다. 즉, $\vec{A}= A\widehat{a_A}$.

전자기학에서는 통상적으로 직각, 원통, 구 좌표계(coordinate system)를 사용하며, 좌표축방향을 나타내는 단위벡터를 기본(단위)벡터(fundamental unit vector)라하며 다음과 같이 기술한다.

직각좌표계에서의 벡터 $\vec{A}$는 원점(0,0,0)에서 좌표점(A_x, A_y, A_z)로 향하는 변위(dis-

좌표계	기본단위벡터	좌표구성 룰
직각(rectangular)	$\hat{i}$, $\hat{j}$, $\hat{k}$ (i, j, k 또는 $\vec{i}$, $\vec{j}$, $\vec{k}$)	$i \times j = k$
원통(cylindrical)	$\widehat{a_r}$, $\widehat{a_\phi}$, $\widehat{a_z}$ (a_r, a_ϕ, a_z 또는 $\overrightarrow{a_r}$, $\overrightarrow{a_\phi}$, $\overrightarrow{a_z}$)	$a_r \times a_\phi = a_z$
구(spherical)	$\widehat{a_r}$, $\widehat{a_\theta}$, $\widehat{a_\phi}$ (a_r, a_θ, a_ϕ 또는 $\overrightarrow{a_r}$, $\overrightarrow{a_\theta}$, $\overrightarrow{a_\phi}$)	$a_r \times a_\theta = a_\phi$

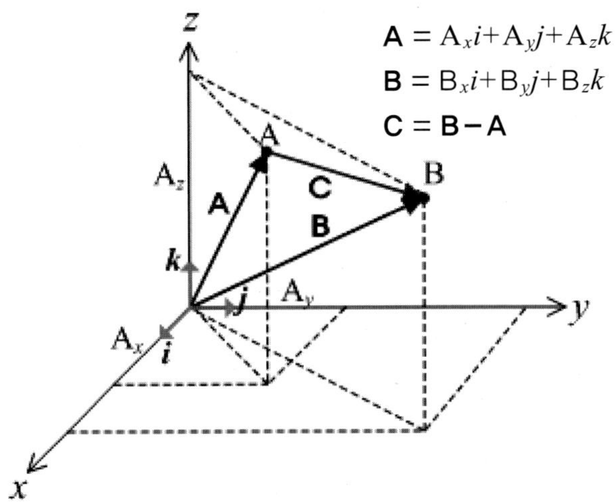

그림 1.1 직각좌표계에서의 기본단위벡터와 벡터의 표현

placement)로 각 좌표축의 크기인 A_x, A_y, A_z를 각 축 방향성분(components)이라하며 기본단위벡터와 함께 다음과 같이 표현된다.

$$\vec{A} = Aa_A = A_x i + A_y j + A_z k$$

여기서, $|\vec{A}| = A = \sqrt{A_x^2 + A_y^2 + A_z^2}$ 이고 $a_A = \vec{A}/A$가 된다. 그림 1.1에는 벡터 $\vec{B} = B a_B = B_x i + B_y j + B_z k$와 함께 점 A에서 B로 향하는 변위벡터 $\vec{C}$를 나타내었다. A에서 B로의 변위벡터는 그 경로에 무관하게 시작점과 끝점만을 고려한다. 따라서, $\vec{C}$는 A점에서 원점을 지나 B점으로 향하는 변위의 합으로 표현될 수 있다. 즉, $\vec{C} = \overrightarrow{AB} = -\vec{A} + \vec{B} = \vec{B} - \vec{A}$.

예제

원점에서 A(2,3,4)[m]로 향하는 벡터 $\vec{A}$의 단위벡터 a_A는?

$\vec{A} = 2i + 3j + 4k[m]$, $A = \sqrt{4+9+16} = \sqrt{29}\,[m]$; $a_A = \frac{1}{\sqrt{29}}(2i + 3j + 4k)$

가. 벡터의 가감승제

벡터는 공간을 평행이동해도 불변이고 두 벡터의 합성은 시작점과 끝점을 연결하므로 얻을 수 있기 때문에 도식적으로는 두 벡터의 가감은 평행사변형 법칙을 따른다. 수식적으로 임의의 벡터들의 가감은 성분별 가감으로부터 얻어지는 벡터가 된다.

$$\vec{A} + \vec{B} = (A_x + B_x)i + (A_y + B_y)j + (A_z + B_z)k$$
$$\vec{A} - \vec{B} = (A_x - B_x)i + (A_y - B_y)j + (A_z - B_z)k$$

예를 들어, A(1,0,3)에서 B(−1,1,1)로 이동시의 변위벡터 $\overrightarrow{AB}$는 $\vec{A} = i + 3k$, $\vec{B} = -i + j + k$이고 $\overrightarrow{AB} = \vec{B} - \vec{A}$이므로 $-2i + j - 2k$가 된다.

벡터 간의 곱은 그 결과가 스칼라가 되는 스칼라 곱(scalar product 또는 dot product :

$\vec{A} \cdot \vec{B}$)과 벡터가 되는 벡터 곱(vector product 또는 cross product : $\vec{A} \times \vec{B}$)으로 분류되며 두 벡터가 이루는 사잇각을 θ라 할 경우 $\vec{A} \cdot \vec{B} = AB\cos\theta$, $|\vec{A} \times \vec{B}| = AB\sin\theta$로 정의 된다.

두 벡터 $\vec{A}$와 $\vec{B}$가 주어질 경우 사잇각(θ)는 $\vec{A} \cdot \vec{B} = AB\cos\theta$를 이용하여 구할 수 있다. 예를 들어, $\vec{A} = i + 2j$, $\vec{B} = 3i - 2j + k$로 주어진 경우, $\vec{A} \cdot \vec{B} = 3 - 4 = -1$, $A = \sqrt{5}$, $B = \sqrt{14}$이므로 $\theta = \cos^{-1}(-1/\sqrt{5 \cdot 24}) = 97°$가 된다. $\vec{A}$와 $\vec{B}$가 서로 직교하는 경우, $\vec{A} \cdot \vec{B} = 0$가 되며, 두 벡터가 이루는 사잇각이 예각($\theta < 90°$)인 경우 $\vec{A} \cdot \vec{B} > 0$이 되며, 둔각일 경우 $\vec{A} \cdot \vec{B} < 0$이 된다.

또한, 직각좌표계의 기본벡터 간의 스칼라 곱과 벡터 곱의 경우 동일 기본벡터 간의 곱만이 1이고 다른 기본벡터 간의 곱은 0이 되며, 벡터 곱의 경우는 다음과 같은 오른나사법칙에 따라 구할 수 있다.

$$i \cdot i = j \cdot j = k \cdot k = 1, \quad i \cdot j = j \cdot k = \ldots = 0$$
$$i \times j = k,\ j \times k = i,\ k \times i = j$$
$$i \times k = -j,\ j \times i = -k,\ k \times j = -i$$

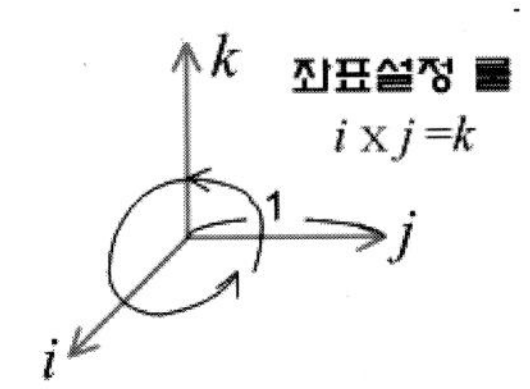

그러므로 스칼라 곱 및 벡터 곱의 연산은 다음과 같이 요약될 수 있다. 여기서 $a_{A \times B}$는 $\vec{A} \times \vec{B}$의 결과로 얻어지는 단위벡터로 크기는 1이며 $\vec{A}$와 $\vec{B}$에 수직한다.

	표시	읽는 법	정의	연산
스칼라 곱	$\vec{A} \cdot \vec{B}$	$\vec{A}$ dot $\vec{B}$	$AB\cos\theta$	$A_xB_x + A_yB_y + A_zB_z$
벡터 곱	$\vec{A} \times \vec{B}$	$\vec{A}$ cross $\vec{B}$	$AB\sin\theta\ a_{A \times B}$	$\begin{vmatrix} i & j & k \\ A_x & A_y & A_z \\ B_x & B_y & B_z \end{vmatrix}$

예를 들어, $\vec{A} \times i = A_zj - A_yk$가 된다.

특히, $\vec{A} \times \vec{B}$는 $\vec{A}$에서 $\vec{B}$로의 회전을 의미하며, 물리적으로 두 벡터를 변으로 하는 평행사변형의 면적의 크기와 회전시 오른나사가 진행하는 방향을 갖는 벡터양을 나타낸다.

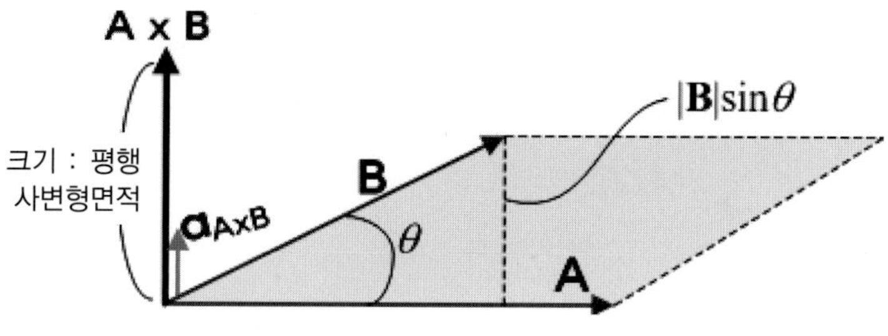

그림 1.2 $\vec{A} \times \vec{B}$에 대한 물리적 의미

예제

$\vec{A} = 2i - 3j\ [m]$, $\vec{B} = 4i + 3j\ [m]$로 만들어지는 삼각형의 면적 S는?

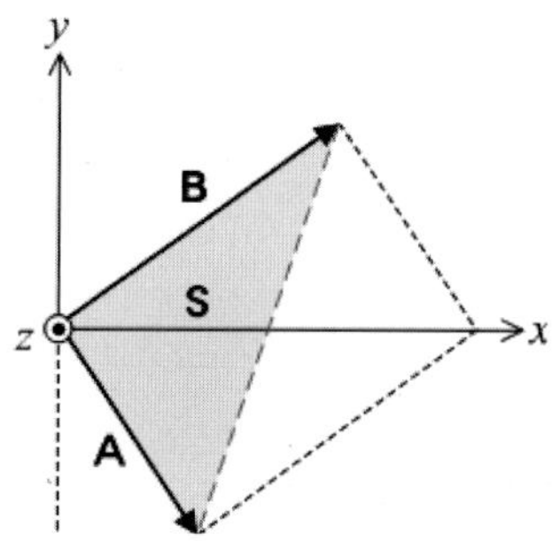

$$S = \frac{1}{2} |\vec{A} \times \vec{B}|$$
$$\vec{A} \times \vec{B} = 6k + 12k = 18k$$
$$|\vec{A} \times \vec{B}| = 18$$
$$\therefore S = 9\ [m^2]$$

나. 방향여각과 방향성분

임의의 벡터가 좌표축과 이루는 각도를 여각이라 하며 직각좌표계에서는 통상적으로 각 축에 대해 그림 1.3과 같이 α, β, γ로 각각 표시한다.

그림 1.3에 보이는 벡터 $\vec{A}$는 일반적으로 축 방향성분 A_x, A_y, A_z로 표현되며 특수한 경우 다음과 같은 방향 여각을 이용하여 표현될 수 있다. 여기서 $\overrightarrow{A_x}(= A_x i)$는 x-축성분벡터(component vector)라 한다.

$$a_A = \frac{A_x i + A_y j + A_z k}{\sqrt{A_x^2 + A_y^2 + A_z^2}} = \frac{A_x}{A} i + \frac{A_y}{A} j + \frac{A_z}{A} k$$
$$= \cos\alpha\, i + \cos\beta\, j + \cos\gamma\, k$$

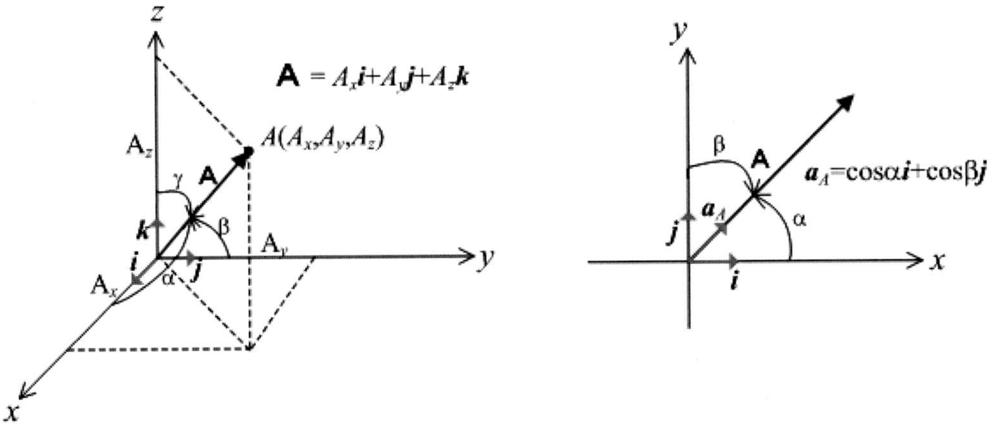

그림 1.3 여각을 이용한 벡터의 표현

따라서, $\alpha = \cos^{-1}A_x/A$, $\beta = \cos^{-1}A_y/A$, $\gamma = \cos^{-1}A_z/A$ 로부터 얻어진다. 예를 들어, 원점에서 점(2,2,1)로 향하는 벡터 $\vec{A}$ 의 단위벡터 a_A는 성분을 이용할 경우 $(2i+2j+k)/3$ 으로 표현되며, 방향여각으로 표현시 $\cos\alpha\, i + \cos\beta\, j + \cos\gamma\, k$이므로 $\alpha = \cos^{-1}(2/3) = \beta = 48.2°$, $\gamma = 70.5°$ 이 된다.

벡터 $\vec{A}$에 대한 x-축 방향성분이 A_x이며, 이는 $\vec{A} \cdot i$로부터 얻을 수 있으며, A_y 또한 $\vec{A} \cdot j$와 같다. 즉, $A_x = \vec{A} \cdot i = \vec{A} \cdot x-$축 단위벡터. 따라서, "벡터 $\vec{A}$의 벡터 $\vec{B}$ 방향성분은 $\vec{A} \cdot a_B$"로 주어진다.

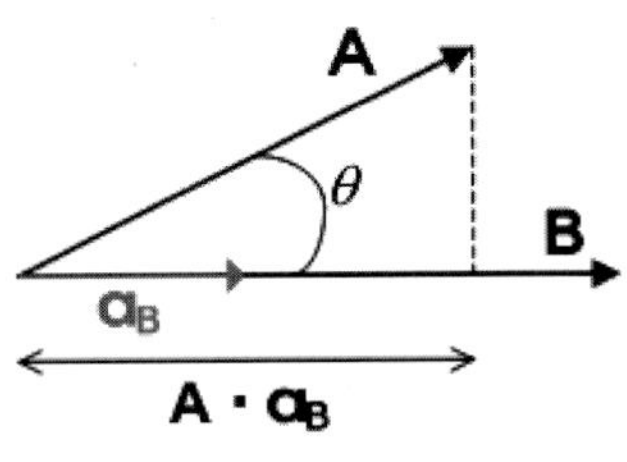

그림 1.4 벡터 $\vec{A}$의 $\vec{B}$ 방향성분 표시

그림 1.4와 같이 힘 $\vec{A}$를 가지고 물체를 변위($\vec{B}$)시킨 경우, 한 일 W는 "일=(이동방향 힘)(이동변위)"이므로 $W = (A cos\theta)(B) = \vec{A} \cdot \vec{B} = (\vec{A} \cdot a_B)B$가 되며, $A cos\theta = \vec{A} \cdot a_B$이 $\vec{A}$의 $\vec{B}$ 방향 성분이다.

예제

힘 $\vec{F}=5i+6j+7k[N]$으로 A(1,2,3)[m]에서 B(5,3,4)[m]로 물체 이동시 일은?

$W=\vec{F}\cdot\vec{l},\quad \vec{l}=\overrightarrow{AB}=\vec{B}-\vec{A}=(5i+3j+4k)-(i+2j+3k)=4i+j+k[m]$

$\therefore W=(5i+6j+7k)\cdot(4i+j+k)=33[Nm]=33[J]$

다. 벡터 및 스칼라 삼중적

3개의 벡터가 $\vec{A}$ dot ($\vec{B}$ cross $\vec{C}$)의 형태로 이루어진 곱은 다음과 같이 그 결과가 스칼라로 되며 이를 스칼라 삼중적이라고 한다.

$$\vec{A}\cdot(\vec{B}\times\vec{C})=(A_x i+A_y j+A_z k)\cdot\begin{vmatrix} i & j & k \\ B_x & B_y & B_z \\ C_x & C_y & C_z \end{vmatrix}$$

$$=A_x(B_yC_z-B_zC_y)-A_y(B_xC_z-B_zC_x)+A_z(B_xC_y-B_yC_x)$$

$$=\begin{vmatrix} A_x & A_y & A_z \\ B_x & B_y & B_z \\ C_x & C_y & C_z \end{vmatrix}$$

또한 행렬식에서 (−1)을 곱하므로 행과 행을 교환할 수 있으므로 이를 2회에 걸쳐 수행하면 행을 순환적으로 교환할 수 있게 되므로 스칼라 삼중적은 다음과 같은 관계식을 갖는다. 즉, $\vec{A}\cdot(\vec{B}\times\vec{C})=\vec{B}\cdot(\vec{C}\times\vec{A})=\vec{C}\cdot(\vec{A}\times\vec{B})$. 또한 • 곱은 교환법칙이 성립한다.

그림 1.5에서 보는 바와 같이 스칼라 삼중적은 물리적으로는 각 벡터가 변을 이루는 평행육면체의 체적인 스칼라량이 된다. 즉,

$$\vec{B}\times\vec{C}=|\vec{B}\times\vec{C}|a_{B\times C}$$

$$\vec{A}\cdot(\vec{B}\times\vec{C})=\vec{A}\cdot a_{B\times C}|\vec{B}\times\vec{C}|$$

으로 $|\vec{B}\times\vec{C}|$는 평행사변형의 면적, $\vec{A}\cdot a_{B\times C}$는 $\vec{A}$의 $a_{B\times C}$ 성분으로 평행사변형에 수선

이 되므로 육면체의 체적을 얻을 수 있다.

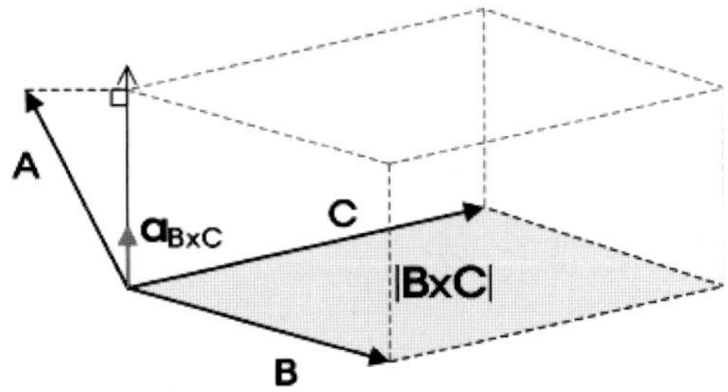

그림 1.5 스칼라 삼중적 $\vec{A} \cdot (\vec{B} \times \vec{C})$의 물리적 의미

만약, $\vec{A} \cdot (\vec{B} \times \vec{C}) = 0$ 이면, 평면방정식으로 3개의 벡터가 공히 동일 면상에 존재함을 의미한다.

반면에 $\vec{A} \times (\vec{B} \times \vec{C})$ 형태의 3개의 벡터 곱의 결과는 다음과 같이 벡터가 되며 이를 벡터 삼중적이라한다. 이 결과는 전개를 통해 쉽게 증명될 수 있다.

$$\vec{A} \times (\vec{B} \times \vec{C}) = \vec{B}(\vec{C} \cdot \vec{A}) - \vec{C}(\vec{A} \cdot \vec{B})$$

예제

$\vec{A} = i + 2k$, $\vec{B} = 4i + 6j + 2k$, $\vec{C} = 3i + 3j + 6k$를 이웃하는 세모서리로 갖는 사면체의 체적 V를 구하라.

$V = |\vec{A} \times (\vec{B} \times \vec{C})|/6 = 18/6 = 3$

연습문제

❶ 직선 $x - 2y + 2 = 0$에 대한 법선벡터(normal vector) $\vec{N}$ 및 그의 단위벡터 $\hat{n}$을 구하라.

〈Ans〉 $\vec{N} = \pm(i - 2j)$, $\hat{n} = \pm\dfrac{1}{\sqrt{5}}(i - 2j)$

❷ 평면 $4x+2y+4z=-7$에 대한 법선벡터는? 〈Ans〉 $\vec{N}=\pm(4i+2j+4k)$

❸ 직각좌표계에서 점 A(1,0,0), B(0,2,0), C(0,0,3) [m]를 정점으로 하는 삼각형의 면적은?

〈Ans〉 $3.5\ m^2$

❹ $\vec{A}=2i-3j-2k$, $\vec{B}=i+2j+B_zk$인 두 벡터가 서로 수직을 이루고 있다면, 이때 B_z는? 〈Ans〉 -2

1.2 벡터 미분연산자

벡터의 미분 연산에는 벡터 미분연산자 ∇(del or nabla)를 많이 사용한다. 이 미분연산자는 전자기학 법칙을 포함하는 다양한 물리현상을 간단히 표현하는 데 유용하게 사용되는 언어이자 매개변수이다. 즉, 미분연산자를 이용하므로 복잡한 현상을 단순한 형태로 수식화시킬 수 있다. 또한, 스칼라 또는 벡터로 표현되는 임의의 물리량은 조건에 따라 다른 형태의 스칼라 또는 벡터로 변화를 일으키는 데 이러한 현상을 미분연산자를 이용하므로 간단히 기술하는 것이 가능하다. 본 절에서는 벡터 미분연산자를 포함하는 벡터식들의 예와 그의 물리적 의미들을 설명한다.

이를 통하여 전자기학 현상을 미분연산자를 포함하는 벡터식으로 표현하는 방법과 주어진 미분연산자의 벡터식을 가지고 전자기현상을 기술하는 테크닉을 익히는 것이 본 절의 궁극적인 목적이다. 미분연산자 ∇는 다음과 같이 벡터 형태의 편미분 연산자로 정의되며 관점은 미소영역(점)임을 명심하자.

$$\nabla=\frac{\partial}{\partial x}i+\frac{\partial}{\partial y}j+\frac{\partial}{\partial z}k$$

의미(이름)	표현식	물리량의 변동
Gradient	$\nabla s \to \vec{v}$	스칼라장 → 벡터장
Divergence	$\nabla \cdot \vec{v} \to s$	벡터장 → 스칼라장
Rotation	$\nabla \times \vec{v_1} \to \vec{v_2}$	벡터장1 → 벡터장2
Laplacian	$(\nabla \cdot \nabla =)\nabla^2 s_1 \to s_2$	스칼라장1 → 스칼라장2

가. Gradient (기울기, 경도) : ▽ scala → vector

임의의 scala 양의 기울기는 방향을 고려(=vector) 하여야 한다. 즉, 임의의 스칼라의 기울기를 구함으로 스칼라를 벡터로 변형하는 것이 가능하다. 예를 들어 스칼라량인 물의 높이(수위)의 거리 변화율, 즉 기울기는 물의 속도(벡터)를 표현할 수 있으며, 거리에 따른 온도 변화율은 열의 흐름(속도)를 나타내는 자연현상으로 수식화 될 수 있다. 또한 전압의 기울기는 전기력의 세기(전계)인 벡터양을 나타내는 전자기 현상을 표현할 수 있다.

이용방법

$$gradient\ V = \nabla V = grad\ V = \frac{\partial V}{\partial x}i + \frac{\partial V}{\partial y}j + \frac{\partial V}{\partial z}k$$

예제

$\vec{r} = xi + yj + zk$일 때 ∇r 및 $\nabla\left(\frac{1}{r}\right)$을 구하시오.

$$r = (x^2+y^2+z^2)^{1/2},\quad \nabla r = \left(\frac{\partial}{\partial x}i + \frac{\partial}{\partial y}j + \frac{\partial}{\partial z}k\right)(x^2+y^2+z^2)^{1/2}$$

$$\frac{\partial}{\partial x}(x^2+y^2+z^2)^{1/2}i = \frac{1}{2}(x^2+y^2+z^2)^{-1/2}2x\,i = \frac{x}{(x^2+y^2+z^2)^{1/2}}i$$

$$\therefore\ \nabla r = \frac{xi+yj+zk}{\sqrt{x^2+y^2+z^2}} = \frac{\vec{r}}{r} = a_r$$

$$\nabla\left(\frac{1}{r}\right) = -\frac{1}{r^2}a_r$$

연습문제

❶ $\nabla(xy)$ 〈Ans〉 $yi + xj$

❷ $\nabla[\ln(x^2+y^2)]$ 〈Ans〉 $\frac{2x}{x^2+y^2}i + \frac{2y}{x^2+y^2}j$

❸ $\nabla(e^x \sin y)$ 〈Ans〉 $e^x \sin y\, i + e^x \cos y\, j$

❹ $\nabla\left(\frac{z}{x^2+y^2}\right)$ 〈Ans〉 $\frac{-2xy}{(x^2+y^2)^2}i - \frac{2yz}{(x^2+y^2)^2}j + \frac{1}{x^2+y^2}k$

나. Divergence (발산) : ∇ • vector → scalar

단위체적당 나아가는(발산하는) 임의의 벡터는 어떤 스칼라양과 같음을 표시하는 데 사용된다. 예를 들어 임의의 점에 대한 전계의 발산은 그 고찰점의 전하밀도/유전율와 같다는 전기 현상을 수식적으로는 $\nabla \cdot \overrightarrow{E} = \rho/\epsilon$으로 표현할 수 있다.

이용방법

$$divergence\ \overrightarrow{E} = \nabla \cdot \overrightarrow{E} = div\ \overrightarrow{E} = \left(\frac{\partial}{\partial x}i + \frac{\partial}{\partial y}j + \frac{\partial}{\partial z}k\right) \cdot (E_x i + E_y j + E_z k) = \frac{\partial E_x}{\partial x} + \frac{\partial E_y}{\partial y} + \frac{\partial E_z}{\partial z}$$

예제

$\vec{r} = xi + yj + zk$ 일 때 $\nabla \cdot \vec{r}$은?

$div\,\vec{r} = \nabla \cdot \vec{r} = 1+1+1 = 3$

연습문제

❶ $\overrightarrow{A} = (ax+b)i + (bz+c)j + (cy+d)k$일 때 $\overrightarrow{A}$의 발산은? 〈Ans〉 a

❷ $\nabla \cdot [e^x(\cos yi + \sin yj)]$ 〈Ans〉 $2e^x \cos y$

❸ $\nabla \cdot (e^x i + ye^{-x} j + 2z \sinh x\, k)$ 〈Ans〉 $2e^x$

❹ $\nabla \cdot [xyz(xi + yj + zk)]$ 〈Ans〉 $6xyz$

다. Rotation (Curl, 회전) : ∇ × vector → vector

임의의 점에서 벡터의 회전은 다른 벡터양으로 변환될 수 있다. 예를 들어 임의 점에서의 자계의 회전은 내부를 관통하는 전류밀도와 같다는 현상을 수식적으로는 $\nabla \times \overrightarrow{H} = \overrightarrow{J}$로 표현될 수 있다.

이용방법

$$rotaion\ \vec{H} = \nabla \times \vec{H} = rot\ \vec{H} = curl\ \vec{H} = \left(\frac{\partial}{\partial x}i + \frac{\partial}{\partial y}j + \frac{\partial}{\partial z}k\right) \times (H_x i + H_y j + H_z k)$$

$$= \begin{vmatrix} i & j & k \\ \frac{\partial}{\partial x} & \frac{\partial}{\partial y} & \frac{\partial}{\partial z} \\ H_x & H_y & H_z \end{vmatrix}$$

예제

$\vec{r} = xi + yj + zk$ 일 때 $\nabla \times \vec{r}$은?

$$\nabla \times \vec{r} = \begin{vmatrix} i & j & k \\ \frac{\partial}{\partial x} & \frac{\partial}{\partial y} & \frac{\partial}{\partial z} \\ x & y & z \end{vmatrix} = 0$$

연습문제

❶ $\vec{A} = xyi + 2yzj + 3zxk$일 때 점 (0,2,3)에서의 $\vec{A}$의 회전은? 〈Ans〉 $-4i - 9j$

❷ $\vec{v} = -wyi + wxj$일 때 $\vec{v}$의 회전은? 〈Ans〉 $\nabla \times \vec{v} = 2wk$

❸ $\nabla \times (yzi + 3zxj + zk)$ 〈Ans〉 $-3xi + yj + 2zk$

라. Laplacian : ∇^2 scalar → scalar

공간전하분포(scalar)에 의한 전위분포(scalar)를 구할 때 이용되며, $\triangle V$를 delta V 또는 Laplacian V로 읽는다.

이용방법

$$Laplacian\ V = (\nabla \cdot \nabla)V = \nabla^2 V = \triangle V = \left(\frac{\partial^2 V}{\partial x^2} + \frac{\partial^2 V}{\partial y^2} + \frac{\partial^2 V}{\partial z^2}\right)$$

참고적으로 "임의 한 점에서의 전위에 대한 기울기는 그 점의 전계세기와 같다"는 물리적 현상은 $\vec{E} = -\nabla V$로 표현할 수 있으며, "임의 점에서의 전계(단위체적당 전력선수)의 발산은 내부 체적전하밀도의 $1/\epsilon$배와 같다"의 물리적 표현식은 $\nabla \cdot \vec{E} = \rho/\epsilon$으로 표현된다. 두 식을 종합하면 다음과 같은 식이 얻어진다.

$$-\nabla \cdot \nabla V = \rho/\epsilon \rightarrow \nabla^2 V = -\rho/\epsilon$$

고찰 점에 전하분포가 존재할 경우는 윗 식의 방정식을 이용하여 전위분포를 얻을 수 있는데 이때의 방정식을 Poisson 방정식이라 하며, 고찰 점에 전하분포가 없는 경우 윗 식의 우항은 0가 되며 이 식을 Laplace 방정식이라 한다.

Poisson 방정식 : $\nabla^2 V = -\dfrac{\rho}{\epsilon}$ **Laplace 방정식** : $\nabla^2 V = 0$

예제

$\vec{V} = x^2 + y^2 + z^2$ 일 때 $\nabla^2 V$는?

$$\nabla^2 V = \frac{\partial^2 V}{\partial x^2} + \frac{\partial^2 V}{\partial y^2} + \frac{\partial^2 V}{\partial z^2} = 2+2+2 = 6$$

연습문제

❶ $f = \dfrac{x-y}{x+y}$일 때 $\nabla^2 f$는? 〈Ans〉 $\dfrac{4(x-y)}{(x+y)^3}$

❷ $f = \cosh^2 x - \sinh^2 y$일 때 $\nabla^2 f$는? 〈Ans〉 $2\cosh 2x - 2\cosh 2y$

❸ $\nabla^2 (z - \sqrt{x^2+y^2})$ 〈Ans〉 $-(x^2+y^2)^{-1/2}$

1.3 벡터 등식

다음에 나열되는 벡터등식은 직각좌표계에서 전개함으로 증명할 수 있으며, 많은 교재에서 증명문제를 다루고 있다. 여기서 U, V는 스칼라량을 의미하며, • product는 교환법칙이 성립한다.

$$\vec{A}\cdot(\vec{B}\times\vec{C})=\vec{B}\cdot(\vec{C}\times\vec{A})=\vec{C}\cdot(\vec{A}\times\vec{B})$$

$$\vec{A}\times(\vec{B}\times\vec{C})=\vec{B}(\vec{C}\cdot\vec{A})-\vec{C}(\vec{A}\cdot\vec{B})$$

$$\nabla\cdot(\vec{A}+\vec{B})=\nabla\cdot\vec{A}+\nabla\cdot\vec{B}$$

$$\nabla(U+V)=\nabla V+\nabla U$$

$$\nabla\times(\vec{A}+\vec{B})=\nabla\times\vec{A}+\nabla\times\vec{B}$$

$$\nabla\cdot(U\vec{A})=\vec{A}\cdot\nabla U+U\nabla\cdot\vec{A}$$

$$\nabla(UV)=U\nabla V+V\nabla U$$

$$\nabla\times(U\vec{A})=\nabla U\times\vec{A}+U\nabla\times\vec{A}$$

$$\nabla\cdot(\vec{A}\times\vec{B})=\vec{B}\cdot(\nabla\times\vec{A})-\vec{A}\cdot(\nabla\times\vec{B})$$

$$\nabla\cdot\nabla V=\nabla^2 V$$

$$\nabla\cdot\nabla\times\vec{A}=0\ :\ div(rot\ \vec{A})=0$$

$$\nabla\times\nabla V=0\ :\ rot(grad\ V)=0$$

1.4 좌표계 변환

지금까지 주로 사용하여 온 직각좌표계(rectangular 또는 cartesian coordinate system) 외에도 여러 가지 좌표계가 있다.

좌표계를 다루는 목적은, 첫째 공간상의 임의의 점의 위치를 정확하게 표현한다. 둘째 임의의 점에서의 벡터의 크기와 방향을 명확하고 간편하게 나타내기 위함이다. 즉, 스칼라장(scalar field)과 벡터장(vector field)을 명확하고 간편하게 표현하는 것이 목적이다.

표현하고 자하는 물리량은 그 성질 및 특성이 다양하여 여러 가지 좌표계가 개발되어 있다. 좌표계를 효과적으로 선택하므로 물리학적 원리이해와 문제해결을 용이하게 할 수 있다. 여기서는 원통좌표계와 구 좌표계를 설명하고 우리에게 익숙해져있는 직각좌표계와 비교할 것이다.

가. 좌표변환 요약

<원통좌표계>	<구 좌표계>
r, ϕ, z의 3면의 교점이 좌표점	r, θ, ϕ의 3면의 교점이 좌표점
일반적 표시 : 1/4(또는 1/8) 원통	일반적 표시 : 1/8구
구성 룰 : $a_r \times a_\phi = a_z$	구성 룰 : $a_r \times a_\theta = a_\phi$

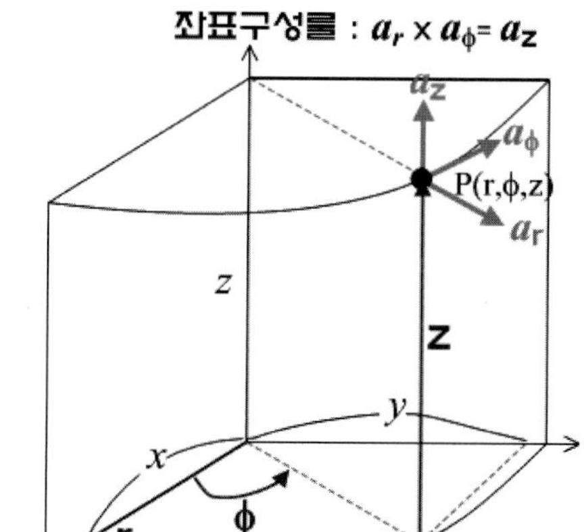

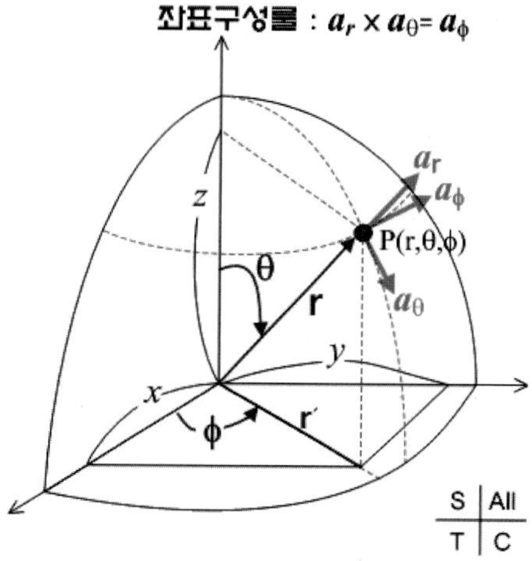

그림 1.6 원통좌표계와 구좌표계

P점 : $\vec{r}+\vec{\phi}+\vec{z}$ 의 경로점

P점으로의 vector $\vec{A}$

$$\vec{A}=A_r a_r + A_\phi a_\phi + A_z a_z$$

좌표점의 변환–직각좌표계와의 관계

$P(r,\phi,z) \Leftrightarrow P(x,y,z)$

$r=\sqrt{x^2+y^2}$,

$x=r\cos\phi,\ y=r\sin\phi,\ z=z$

$\frac{y}{x}=\tan\phi$

P점 : $\vec{r}+\vec{\theta}+\vec{\phi}$로 지정됨

P점으로의 vector $\vec{A}$

$$\vec{A}=A_r a_r + A_\theta a_\theta + A_\phi a_\phi$$

좌표점의 변환–직각좌표계와의 관계

$P(r,\theta,\phi) \Leftrightarrow P(x,y,z)$

$r=\sqrt{x^2+y^2+z^2}$

$r'=r\cos(90^\circ-\theta)=r\sin\theta$

$x=r\sin\theta\cos\phi,\ y=r\sin\theta\sin\phi,\ z=r\cos\theta$

$$\cos\theta=\frac{z}{r}=\frac{z}{\sqrt{x^2+y^2+z^2}},\quad \tan\phi=\frac{y}{x}$$

	원통	구
x	$r\cos\phi$	$r\sin\theta\cos\phi$
y	$r\sin\phi$	$r\sin\theta\sin\phi$
z	z	$r\cos\theta$

나. 좌표계에 따른 미분연산자 표현식의 비교

직각 좌표계 : $\nabla_R=\frac{\partial}{\partial x}i+\frac{\partial}{\partial y}j+\frac{\partial}{\partial z}k$

원통 좌표계 : $\nabla_C=\frac{\partial}{\partial r}a_r+\frac{1}{r}\frac{\partial}{\partial\phi}a_\phi+\frac{\partial}{\partial z}a_z$

구 좌표계 : $\nabla_S=\frac{\partial}{\partial r}a_r+\frac{1}{r}\frac{\partial}{\partial\theta}a_\theta+\frac{1}{r\sin\theta}\frac{\partial}{\partial\phi}a_\phi$

다. 단위벡터 변환표

	원통좌표계			구좌표계		
	a_r	a_ϕ	a_z	a_r	a_θ	a_ϕ
$i\,\bullet$	$\cos\phi$	$-\sin\phi$	0	$\sin\theta\cos\phi$	$\cos\theta\cos\phi$	$-\sin\phi$
$j\,\bullet$	$\sin\phi$	$\cos\phi$	0	$\sin\theta\sin\phi$	$\cos\theta\sin\phi$	$\cos\phi$
$k\,\bullet$	0	0	1	$\cos\theta$	$-\sin\theta$	0

변환표 사용의 예) $i\bullet a_\theta=\cos\theta\cos\phi$

라. 좌표계에서의 미소체적

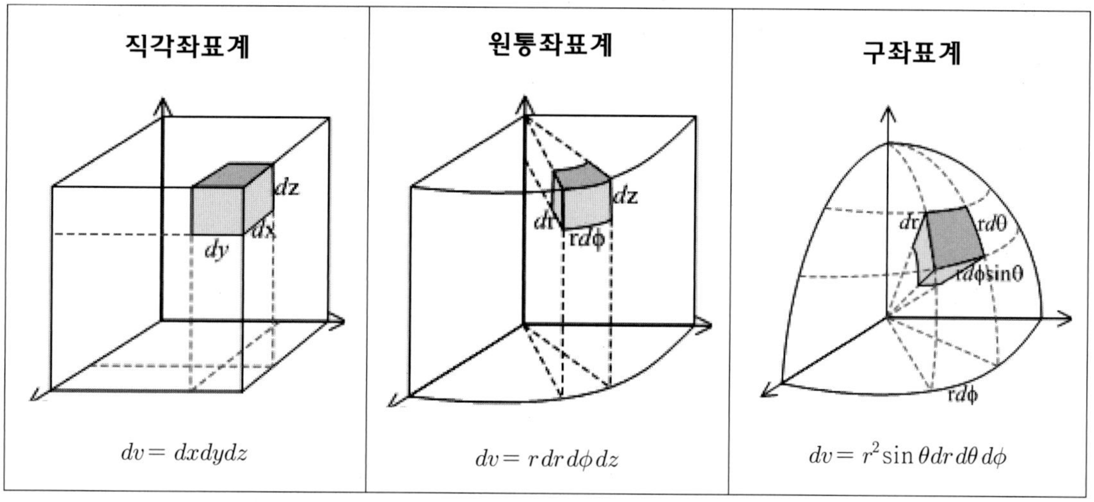

그림 1.7 각 좌표계에 대한 미소 체적

예제

P(3,4,5)를 $P(r,\theta,\phi)$로 변환하시오.

$$r=\sqrt{9+16+25}=\sqrt{50},\quad \cos\theta=\frac{z}{r}=\frac{5}{\sqrt{50}}\rightarrow\theta=\cos^{-1}\frac{5}{\sqrt{50}}=45^{\circ}$$

$$\tan\phi=\frac{y}{x}=\frac{4}{3}\rightarrow\phi=\tan^{-1}\frac{4}{3}=53.1^{\circ}\qquad \therefore\ P(\sqrt{50},45^{\circ},53.1^{\circ})$$

예제

$\vec{A}=3i+3j+3k$를 원통좌표벡터 $\vec{A}=A_r a_r+A_\phi a_\phi+A_z a_z$로 변환하시오.

$$A_r=\vec{A}\cdot a_r=(3i+3j+3k)\cdot a_r=3(i\cdot a_r+j\cdot a_r+k\cdot a_r)=3(\cos\phi+\sin\phi)$$

$$A_\phi=\vec{A}\cdot a_\phi=(3i+3j+3k)\cdot a_\phi=3(i\cdot a_\phi+j\cdot a_\phi+k\cdot a_\phi)=3(-\sin\phi+\cos\phi)$$

$$A_z=\vec{A}\cdot a_z=(3i+3j+3k)\cdot a_z=3k\cdot a_z=3$$

$$\therefore\ \vec{A}=3(\cos\phi+\sin\phi)a_r+3(-\sin\phi+\cos\phi)a_\phi+3a_z$$

예제

$\overrightarrow{A} = zi + 5j + xk$를 원통좌표계의 벡터로 변환하시오.

$\overrightarrow{A} = A_r a_r + A_\phi a_\phi + A_z a$로 변환

$A_r = \overrightarrow{A} \cdot a_r = (zi + 5j + xk) \cdot a_r = z\cos\phi + 5\sin\phi$

$A_\phi = \overrightarrow{A} \cdot a_\phi = (zi + 5j + xk) \cdot a_\phi = z(-\sin\phi) + 5\cos\phi$

$A_z = \overrightarrow{A} \cdot a_z = (zi + 5j + xk) \cdot a_z = x = r\cos\phi$

$\therefore \overrightarrow{A} = (z\cos\phi + 5\sin\phi)a_r + (-z\sin\phi + 5\cos\phi)a_\phi + r\cos\phi\, a_z$

연습문제

❶ $\overrightarrow{A} = yi - xj + zk$를 원통좌표계 및 구좌표계로 변환하라.

〈Ans〉 $\overrightarrow{A_C} = -ra_\phi + za_z$

$\overrightarrow{A_S} = r\cos^2\theta\, a_r - r\cos\theta\sin\theta\, a_\theta - r\sin\theta\, a_\phi$

❷ $\overrightarrow{A} = yi - xj + zk$를 원통좌표계로 표현하라. 〈Ans〉 $\overrightarrow{A} = -ra_\phi + za_z$

[제2장]

정전계

본 장에서는 진공 중에서의 정전계(electrostatic field)의 기본적 성질에 대하여 논한다. 일반적으로 도체에 전하(electric charge)를 주면 상호 인력, 반발력이 작용하고 변위를 일으키며 상호간의 힘의 평형상태에 도달되고 결국에 전하분포는 그 상태에서 정지하게 된다. 이러한 정지 상태 하에서의 전하에 의해서 생기는 전기적 벡터장이 정전계이다.

정전학(electrostatics) : 정지상태(static condition)의 전기현상을 논하는 학문분야

전계(electric field, 전장) : 전하에 의해 생긴 전기적 벡터장 또는 그 벡터장 내 한 점에서 전하당 작용하는 힘의 세기.

전하(electric charge)

단위 정전하 = +1[C] ← 6.3×10^{18}개의 전자에 해당하는 전하 = -1[C]

검전하(test charge) = +1(본래의 전계에 영향 주지 않는 미소전하)

점전하(point charge) = 거리(위치)를 정확히 하기 위해 대전체를 점(point)으로 가정한 전하

분포전하밀도

ρ_l(선 전하밀도 C/m), ρ_S(면 전하밀도 C/m^2), ρ_v($=\rho$, 체적전하밀도 C/m^3)

전자(electron)	$q = -1.6\times10^{-19}[C]$
	$m = 9.109\times10^{-31}[kg] = 5.5\times10^{-4}[amu]$
양성자(proton)	$q = +1.6\times10^{-19}[C]$
	$M = 1.625\times10^{-27}[kg] = 1[amu]$

2.1 쿨롱의 법칙과 정전계

가. Coulomb(France 1785)의 법칙

비틀림 저울을 이용하여 전하, 힘 사이의 관계를 "정량적"으로 정리하여 전기적인 힘에 대한 실험식을 확립하였다.

$$\vec{F} = k\frac{Q_1 Q_2}{r^2}a_r$$

k는 주위 매질에 따라 정해지는 비례상수이며, 동종전하에 대해 척력(repulsive force), 이종전하에 대해 인력(attractive force)이 작용한다.

$\vec{F} = F a_r\,(a_r = a_F)$: 힘의 방향은 두 점전하와 직선상에 놓임. $(a_r = \vec{r}/r)$

$k = \dfrac{1}{4\pi\epsilon}$: $\epsilon =$ permittivity, dielectric constant

$= \epsilon_r \epsilon_0$

⇨ $\epsilon_0 =$ 진공상태 유전율 $= 8.854 \times 10^{-12}\left[\dfrac{C^2}{N\ m^2} = \dfrac{F}{m}\right]$

ϵ_r = 비유전율 (진공 : 1기준) : Si ~ 11.8, GaAs ~ 13.6

⇨진공상태 $k = \dfrac{1}{4\pi\epsilon_0} = \dfrac{1}{4\pi \times 8.854 \times 10^{-12}[F/m]} \approx 9 \times 10^9$

$$\boxed{\vec{F} = F a_r = \frac{1}{4\pi\epsilon_0}\frac{Q_1 Q_2}{r^2}a_r} \qquad \text{——— (2-1)}$$

동일 크기의 점전하(예, $Q_1=Q_2$)가 있을 때 Q_1이 받는 힘이 $\vec{F_1}$이면 Q_2가 받는 힘은 $\vec{F_2} = -\vec{F_1}$이 되며, 이것은 부호에 무관하게 성립한다. n개의 점전하가 존재할 경우, 전체 힘은 벡터합성으로 다음 식으로 주어진다.

$$\vec{F} = \sum_{i=1}^{n}\vec{F_i}$$

예제

그림과 같이 점 P(3,4,4), R(2,2,2)에 각각 Q1=10^{-5}[C], Q2=−1[μC]이 존재할 때 (i) Q_1이 받는 힘 $\overrightarrow{F_1}$과 (ii) Q_2가 받는 힘 $\overrightarrow{F_2}$는?

(i) 인력작용. $\overrightarrow{F_1}$=?

$$\vec{r} = \overrightarrow{PR} = -i-2j-2k,\ |\vec{r}| = r = \sqrt{1+4+4} = 3\,[m]$$

$$a_r = \frac{-i-2j-2k}{3},\ |\vec{F}| = F = 9\times10^9\frac{10^{-11}}{9} = 10^{-2}\,[N]$$

$$\therefore \overrightarrow{F_1} = 10^{-2}\left(\frac{-i-2j-2k}{3}\right)[N]$$

(ii) $\overrightarrow{F_2} = -\overrightarrow{F_1} = 10^{-2}\left(\frac{+i+2j+2k}{3}\right)[N]$

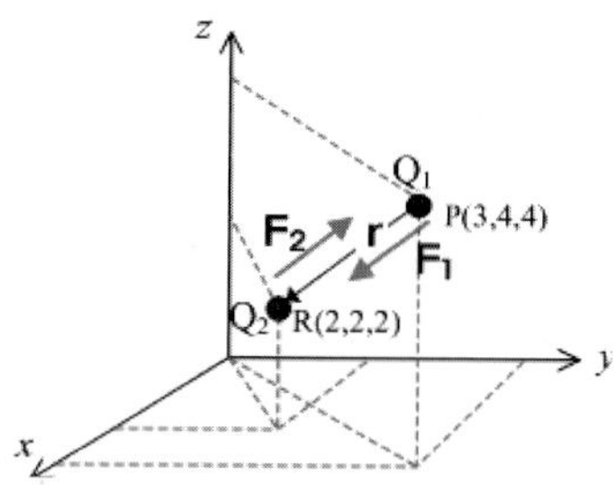

예제

점 A(1,2,3)[m]에 100μC의 점전하, 점 B(3,6,−1)[m]에 −100μC이 존재.

(i) B점에 작용하는 힘 $\overrightarrow{F_B}$는? (인력)

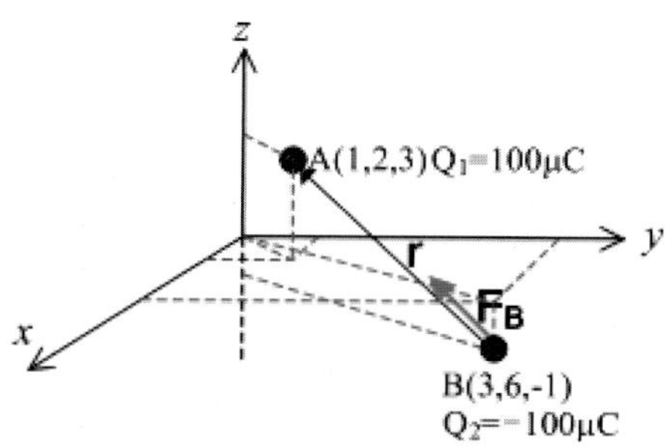

$$\vec{r} = \overrightarrow{BA} = -2i-4j+4k$$

$$r = \sqrt{4+16+16} = 6\,[m]$$

$$a_r = \frac{-i-2j+2k}{3}$$

$$F = 9\times10^9\frac{10^{-8}}{36} = \frac{10}{4} = 2.5\,[N]$$

$$\therefore \overrightarrow{F_B} = 2.5\left(\frac{-i-2j+2k}{3}\right)[N]$$

(ii) A점에 작용하는 힘 $\overrightarrow{F_A}$는? (인력)

$$\overrightarrow{F_A} = -\overrightarrow{F_B} = 2.5\left(\frac{i+2j-2k}{3}\right)[N]$$

예제

점A(0,3,0)[m], B(0,−3,0)[m], C(4,0,0)[m]에 각각 5μC, 5μC, 3μC 존재할 때, C에 작용하는 힘을 구하라.

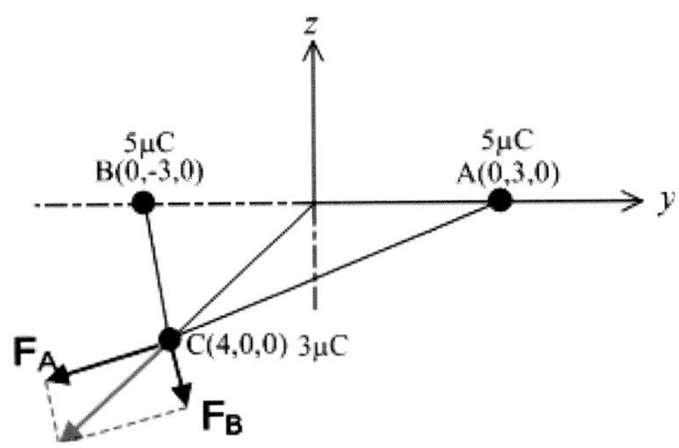

A와 B에 대해 모두 반발력

(i) A에 의한 힘 $\overrightarrow{F_A}$=?

$\overrightarrow{r_1} = \overrightarrow{AC} = 4i - 3j$

$r_1 = \sqrt{16+9} = 5\,[m]$

$a_{r1} = \dfrac{4i-3j}{5}$

$F_A = 9\times 10^9 \dfrac{15\times 10^{-12}}{25}$

$= 5.4\times 10^{-3}\,[N]$

$\therefore\ \overrightarrow{F_A} = 5.4\times 10^{-3}(\dfrac{4i-3j}{5})[N]$

(ii) B에 의한 힘 $\overrightarrow{F_B}$ = ?

$\overrightarrow{r_2} = \overrightarrow{BC} = 4i + 3j$

$r_2 = 5\,[m]$

$a_{r2} = \dfrac{4i+3j}{5}$

$F_B = 9\times 10^9 \dfrac{15\times 10^{-12}}{25}$

$= 5.4\times 10^{-3}\,[N]$

$\therefore\ \overrightarrow{F_B} = 5.4\times 10^{-3}(\dfrac{4i+3j}{5})[N]$

$$\overrightarrow{F_C} = \overrightarrow{F_A} + \overrightarrow{F_B} = 5.4\times 10^{-3}(\frac{8}{5}i) = 8.64\times 10^{-3}i\,[N]$$

연습문제

❶ 자유공간 상 점 $A(-6,4,7)[m]$에 $Q_A = -20\,[\mu C]$의 전하가 놓여있다. 점 $B(5,8,-2)$에 $Q_B = 50\,[\mu C]$이 있다면 다음을 구하라. (a) A에서 B까지의 변위벡터 R_{AB}와 크기 $|R_{AB}|$, (b) Q_B에 의한 Q_A에 작용하는 힘.

〈Ans〉 (a) $11i+4j-9k\,[m]$, $14.76\,[m]$

(b) $30.7i+11.7j-25.1k\,[mN]$

나. 전계의 세기

전하 Q에 대해 단위정전하[+1C]당 작용하는 힘의 공간을 전계(electric field)하며, 전계는 위치에 따라 변한다. 전계 공간의 한 점에서 전계의 양을 그 점의 전계의 세기(electric field intensity)라 하며 일반적으로 전계와 전계의 세기는 혼용하여 사용한다. 점전하 Q로부터 거리가 r인 점의 전계세기 $\overrightarrow{E}$는 식(2-2)로 주어진다.

$$\overrightarrow{E} = \frac{1}{4\pi\epsilon_0}\frac{Q}{r^2}a_r \left(\left[\frac{N}{C}\right] = \left[\frac{V}{m}\right]\right) \qquad \text{——— (2-2)}$$

$$\because \ \frac{N}{C} = \frac{N \cdot m}{C \cdot m} = \frac{J}{C \cdot m} = \frac{J}{C} \cdot \frac{1}{m} = \frac{V}{m}$$

전계의 세기 $\overrightarrow{E}$ 공간에 +q[C]의 전하가 놓이면, 그 전하가 받는 힘 $\overrightarrow{F}$:

$$\overrightarrow{F} = q\overrightarrow{E}\ [N] \qquad \text{——— (2-3)}$$

여러 점전하에 $Q_1, Q_2, Q_3 \cdots\cdots Q_N$에 의한 한 점 P에서의 전계세기는 벡터합성 :

$$\overrightarrow{E} = \sum_{i=1}^{n} \overrightarrow{E_i}$$

선 전하밀도 $\rho_l\,[C/m]$에 의한 한 점에서의 전계세기 :

$$\overrightarrow{E} = \frac{1}{4\pi\epsilon_0}\int_l \frac{\rho_l dl}{r^2}\, a_r\ [V/m] \qquad \text{——— (2-4)}$$

예제

공기 중에 10[pC]의 점전하에 작용하는 힘이 $\vec{F} = 4i + 3j + 5k\,[mN]$이라면 그 점의 전계세기(크기 및 단위벡터)는?

$$\vec{E} = \frac{\vec{F}}{q} = \frac{(4i+3j+5k)}{10\times 10^{-12}} \times 10^{-3}\,[V/m] = (4i+3j+5k)\times 10^{8}\,[V/m]$$

$$E = \sqrt{16+9+25}\times 10^{8} = 7.07\times 10^{8}\,[V/m]$$

단위벡터 $a_r = \dfrac{(4i+3j+5k)\times 10^{8}}{7.07\times 10^{8}}$ $\quad\therefore\ \vec{E} = Ea_r = 7.07\times 10^{8}\left(\dfrac{4i+3j+5k}{7.07}\right)[V/m]$

예제

진공 중에 $10^{-6}\,[C]$의 점전하가 S(3,1,3)[m]에 놓여있다.

(i) P점(5,0,5)[m]에서의 전계세기는?

$$\vec{r} = \vec{SP} = 2i - j + 2k,\quad r = \sqrt{4+1+4} = 3\,[m],\quad a_r = \frac{2i-j+2k}{3}$$

$$E = 9\times 10^{9}\frac{10^{-6}}{9} = 10^{3}\,[V/m]$$

$$\therefore \vec{E} = 10^{3}\left(\frac{2i-j+2k}{3}\right)[V/m]$$

(ii) 점P에 q[C]이 놓여 있을 때, 작용하는 힘이 $\vec{F} = 10^{-9}(-a_r)$이면 q는?

$$q\vec{E} = \vec{F} = -10^{9}a_r = 10^{3}a_r \times q$$

$$\therefore q = -10^{-12}\,[C] = -1\,[pC]$$

연습문제

❶ $3\,[nC]$의 전하가 $A(1,1,0), B(-1,1,0), C(-1,-1,0), D(1,-1,0)$에 각각 놓여 있다면, 각 점전하에 의해 유기되는 점 $P(1,1,1)$에서의 전계는 어떻게 표현되는가? 〈Ans〉 $\vec{E} = 6.82i + 6.82j + 32.8k\,[V/m]$

❷ $0 \le r \le 0.1\,[m], 0 \le \phi \le \pi, 2 \le z \le 4$이 원통내부에 $\rho = r^2 z^2 \sin 0.6\phi$의 체적전하밀도가 분포한다면 이때의 총 전하량은? 〈Ans〉 $\rho = 1.019\,[mC]$

❸ 균일 선전하밀도 $\rho_l = 5\,[nC/m]$의 전하를 갖는 무한길이 도선이 x, y 축 상에 놓여있다면 이때 z-축 상 점 $P(0,0,4)$에서의 전계는? 〈Ans〉 $\vec{E} = 45k\,[V/m]$

다. 전기력선(lines of electric force)

전계 내의 각 점에 +1C의 단위정전하를 놓았을 때 받는 힘의 방향을 표시한 선의 집합(가상선)으로 전기력선을 이용하므로 전계의 모양을 눈으로 관찰하는 것이 가능하다.

전력선 상의 한점에서 전계방향은 접선 방향이며, 전력선 상의 한점에서 전계세기(크기)는 그 점에대한 수직단면적을 통과하는 전력선 수로 정의한다.

∴ 전력선밀도(단위면적당 전력선 수) [lines/m^2]= 전계 크기 [V/m]

또한, 전력선은 서로 반발(∵ +1C의 lines)하고 교차하지 못하며, 양(+)에서 음(−)으로 향한다. 전계의 세기 $\vec{E}$[V/m]인 점에서 단면적 dS를 지나는 전력선 수 dN은

$$dN = \vec{E} \bullet \hat{n}\, dS \qquad (2\text{–}5)$$

로 주어진다. 여기서, $\hat{n}$은 단위법선벡터(unit normal vector)로 $\vec{E} \bullet \hat{n}$은 전계벡터의 면(dS) 법선성분을 나타낸다.

[검증]

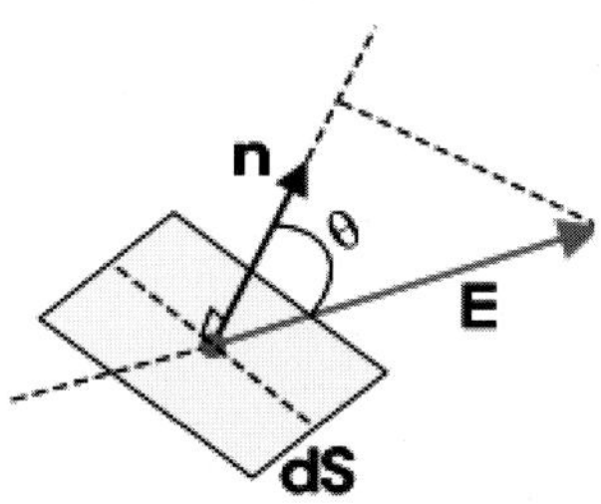

dS가 $\vec{E}$에 대해 각도 θ만큼 기울어져 있을 때의 dS를 지나는 전력선 수의 유효성분은,

$$(E\cos\theta)\, dS = (\vec{E} \bullet \hat{n})\, dS$$

로 주어진다. 통상적으로 $\overrightarrow{dS} = \hat{n}\, dS$로 주어진다. 따라서, $dN = \vec{E} \bullet \hat{n} dS = \vec{E} \bullet \overrightarrow{dS}$

진공 중에 Q 점전하로부터 r[m] 떨어진 점의 전계세기 E는 $Q/(4\pi\epsilon_0 r^2)\,[V/m]$이며 동시에 그 점의 전력선 밀도[lines/m^2]이다. 이 때 Q로부터 나아가는 전력선의 총 수(ϕ_E)는 Q점 중심의 구면을 통과하는 전력선 수로 주어진다.

$$\phi_E = E4\pi r^2 = \frac{Q}{4\pi\epsilon_0 r^2}4\pi r^2 = \frac{Q}{\epsilon_0}\,[lines]$$

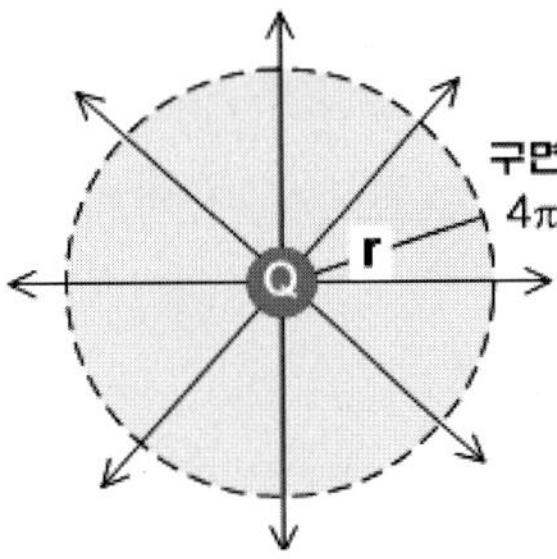

따라서, Q가 진공 중에 놓인 경우,

$$\phi_E(vac) = Q/\epsilon_0\,[lines]$$

비유전율 $\epsilon_r(>1)$인 매질에 놓인 경우(감소),

$$\phi_E = Q/\epsilon_r\epsilon_0 = (1/\epsilon_r)\phi_E(vac)\,[lines]$$

주어진 전계 관계식으로부터 전력선방정식을 유도할 수 있다.

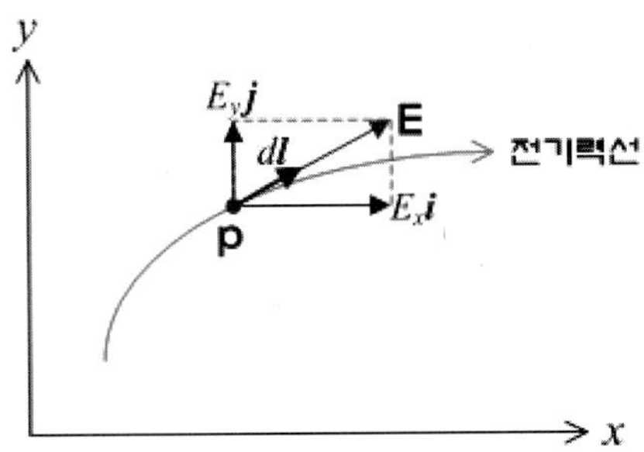

전력선상 P점의 $\vec{E} = E_x\vec{i} + E_y\vec{j}$

미소 전력선 변위벡터 $d\vec{l} = dx\vec{i} + dy\vec{j}$

$\vec{E} // d\vec{l}$ ⇨ 비례식 성립

$$\therefore E_x : E_y = dx : dy,\quad \frac{dx}{E_x} = \frac{dy}{E_y}$$

$$\text{전력선 방정식 : } \frac{dx}{E_x} = \frac{dy}{E_y} = \frac{dz}{E_z} \qquad \text{(2-6)}$$

예제

좌표 원점에 있는 점전하 Q[C]에 의한 임의의 P점의 전력선 방정식의 유도 P(x,y)점에서,

$$\vec{E} = E_x i + E_y j,\quad \vec{r} = xi + yj,\quad r = \sqrt{x^2+y^2};\quad \vec{a_r} = \frac{xi+yj}{\sqrt{x^2+y^2}}$$

$$\vec{E} = \frac{1}{4\pi\epsilon_0}\frac{Q}{(\sqrt{x^2+y^2})^2}\vec{a_r} = \frac{1}{4\pi\epsilon_0}\frac{Q}{(x^2+y^2)^{3/2}}(xi+yj)$$

$$E_x = \frac{1}{4\pi\epsilon_0}\frac{Q}{(x^2+y^2)^{3/2}}x,\quad E_y = \frac{1}{4\pi\epsilon_0}\frac{Q}{(x^2+y^2)^{3/2}}y$$

$$\therefore \frac{\dfrac{dx}{Qx}}{4\pi\epsilon_0(x^2+y^2)^{3/2}} = \frac{\dfrac{dy}{Qy}}{4\pi\epsilon_0(x^2+y^2)^{3/2}} \Rightarrow \frac{dx}{x} = \frac{dy}{y}$$

$$\Rightarrow \ln x = \ln y + C,\ \ln\frac{x}{y} = C,\qquad \therefore \frac{x}{y} = e^C = C',\ \therefore y = \frac{x}{C'} = C''x$$

여기서, (C, C', C''는 상수) : 원점을 지나는 직선 군

연습문제

❶ 전계 $\vec{E} = -\frac{8x}{y}i + \frac{4x^2}{y^2}j$인 공간 상 한 점 $P(1,4,-2)$를 통과하는 전력선방정식의 표현식을 구하라.

〈Ans〉 $x^2 + 2y^2 = 33$

❷ 전계 $\vec{E} = 2e^{5x}[y(5x+1)i + xj]$인 공간 상 한 점 $P(1,4,-2)$를 통과하는 전력선방정식의 표현식을 구하라.

〈Ans〉 $y^2 = 15.6 + 0.4x - 0.08\ln(5x+1)$

라. 전계와 일

전계 공간상에 놓인 점전하 Q를 전계의 역방향으로 이동시키기 위해 외부에서 공급해야 하는 일(에너지)을 구하자.

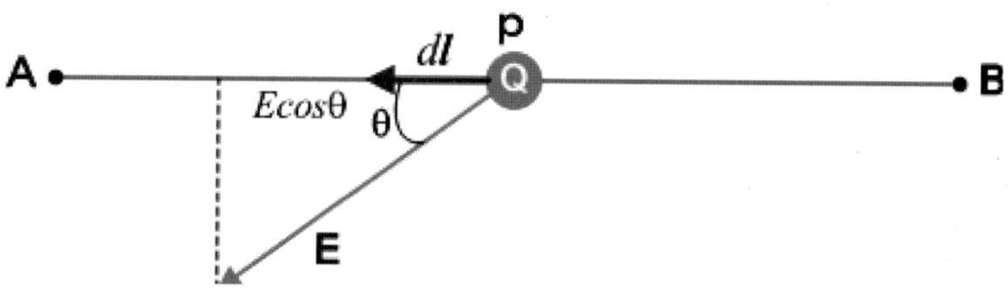

(i) P점의 +Q를 $-dl$ 만큼 A에서 B로 이동하는데 필요한 일은?

$$dW = -(QE\cos\theta)dl = -Q\vec{E} \cdot d\vec{l}$$

(ii) +Q를 A점에서 B점까지 이동하는데 필요한 외부공급일은?

$$W = -Q\int_A^B \vec{E} \cdot d\vec{l} \qquad (2-7)$$

식(2-7)에 대해, 결과가 양(+)인 경우는 외부공급 일(에너지)로 Q 전하의 위치에너지가 증가, 결과가 음(−)의 값인 경우는 전계가 한 일로 Q 전하의 위치에너지는 감소된다.

예제

$\vec{E} = i + 2j + 3k\,[V/m]$의 전계 중에, 1C의 전하가 (i)A점(1, −2, 1)m에서 점 B(5, −3, 2)m로 이동할 경우의 일과 (ii)점 B에서 A로 이동하는데 필요한 일을 구하라.

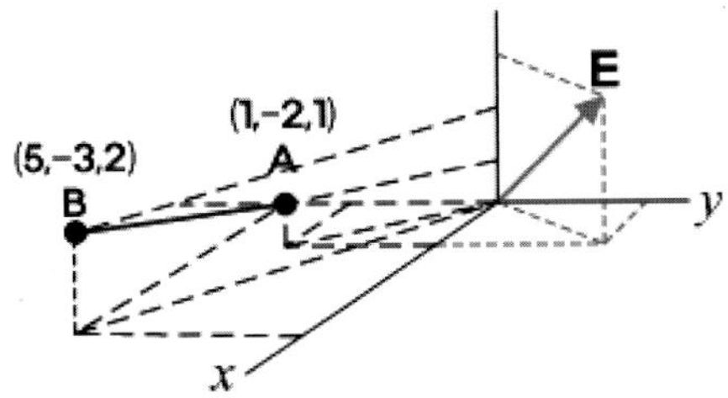

(i) $W = -\int_A^B Q\vec{E}\cdot d\vec{l} = -Q\int_A^B (i+2j+3k)\cdot(dxi+dyj+dzk)$

$= -Q\int_{(1,-2,1)}^{(5,-3,2)}(dx+2dy+3dz)$

$= -1\left(\int_1^5 dx + \int_{-2}^{-3} 2dy + \int_1^2 3dz\right) = -1[(4)+(-2)+(3)] = -5\,[J]$

∴ 5J 만큼 전계가 일을 하므로 그 전하의 위치에너지는 감소(소모).

(ii) $W = -\int_B^A Q\vec{E}\cdot d\vec{l} = +Q\int_A^B \vec{E}\cdot d\vec{l} = 5\,[J]$

∴ 외부에서 전계 내에 5J의 에너지 공급되므로 그 전하의 위치 에너지증가

2.2 정전위 (Electrostatic Potential)

정전계 내의 한 점에서 다른 점으로 단위전하를 옮기는 데 소요되는 일은 경로에 관계없이 한 가지 값만을 갖는다(즉, 주어진 시작과 끝의 좌표점에만 의존). 따라서 전계 내의 한 점을 기준으로 정하면 공간의 모든 점까지 단위전하를 옮기는 데 필요한 일을 상대적인 값으로 표시하는 것이 가능하다. 이와 같이 기준점으로부터 단위정전하(+1C)를 전계 내 임의 점까지 옮기는 데 요하는 일을 기준점에 대한 그 점의 전위(electric potential)라 한다. 그 기준점 역시 어떤 절대 기준값에 대한 전위를 가질 수 있으므로 전위란 본질적으로 두

점의 전위차(potential difference)를 나타내는 것이다. 통상적으로 무한원점을 기준점으로 잡고 이 무한원점의 전위를 0-전위로 잡는다.

정전계 내에서 전계를 거역하는 방향(결과는 +이어야 함)으로 한점 A에서 B점까지 단위 정전하(+1C)를 이동시키는데 필요한 일을 V_{BA}로 정의한다.

$$V_{BA} = -\int_A^B \vec{E} \cdot d\vec{l} = -\int_\infty^B \vec{E} \cdot d\vec{l} - (-\int_\infty^A \vec{E} \cdot d\vec{l} = V_B - V_A ([J/C] = [V])$$

여기서, V_{BA}를 A점과 B점 사이의 전위차, 전압(voltage) 또는 점A에 대한 점B의 전위라 한다. 또한, 일(에너지)과 전위와의 관계는 $W = QV_{BA}[J]$으로 주어진다.

공간 상의 한점 P의 전위는 점 P의 영전위 점(대지, 무한원점)에 대한 전위(차)로 식 (2-8)로 정의된다.

$$\therefore V_P = -\int_\infty^P \vec{E} \cdot d\vec{l} \ [V] \qquad \text{——— (2-8)}$$

즉, 전위= 영전위 점과 P점간의 전위차이다.

점전하 Q로부터 거리 r_A떨어진 A점의 전위 V_A관계식은 식 (2-9)로 주어질 수 있다.

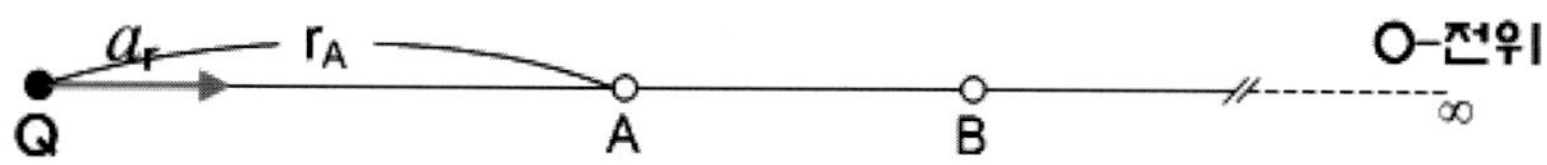

A점의 전계세기 $\vec{E} = \frac{Q}{4\pi\epsilon_0 r^2} a_r$, $d\vec{l} = dr\, a_r$

$$\therefore V_{A\infty} = V_A = -\int_\infty^{r_A} \vec{E} \cdot d\vec{l} \ = -\int_\infty^{r_A} \frac{Q}{4\pi\epsilon_0 r^2} dr = [\frac{Q}{4\pi\epsilon_0 r}]_\infty^{r_A}$$

$$= \frac{Q}{4\pi\epsilon_0 r_A} [V] \qquad \text{——— (2-9)}$$

이때, 점전하 Q로부터 r_A, r_B인 두 점A, B의 전위차는 식 (2-10)과 같다.

$$\vec{E} = \frac{Q}{4\pi\epsilon_0 r^2} a_r,\ \ d\vec{l} = dr\, a_r$$

$$\therefore\ V_{AB} = -\int_B^A \vec{E} \bullet d\vec{l} = -\int_{r_B}^{r_A} \frac{Q}{4\pi\epsilon_0 r^2} dr = \left[\frac{Q}{4\pi\epsilon_0 r}\right]_{r_B}^{r_A}$$

$$\text{즉, } V_{AB} = \frac{Q}{4\pi\epsilon_0}\left(\frac{1}{r_A} - \frac{1}{r_B}\right) = V_A - V_B \qquad \text{——— (2–10)}$$

특히, 전계 내에서 단위 정전하를 임의의 폐곡선을 따라 일주시키는데 필요한 일은 zero이다. 즉,

$$V_{AA} = 0 = -\oint \vec{E} \cdot d\vec{l}$$

로 이러한 계(field)를 보존계(conservative field)라 한다. 보존계는 "임의의 폐곡선에 대한 선적분(주회적분)이 zero인 벡터계"로 정의한다.

예제

전위차 25V인 두 지점 사이로, 어떤 전하를 5m 옮기는데 100J의 에너지를 소비했다. 전하량은?

전위차 25V의 의미 : 단위전하를 5m 옮기는데 25V소모됨.

Q전하 옮기는데 100J소모되므로 $W = QV,\ \ Q = \frac{W}{V} = 4[C]$

예제

공기 중 4000pC 전하존재, r=9m인 점의 전위가 8V. r=6m인 점의 전위는? 단, r=9인 점의 8V를 기준전위로 한다.

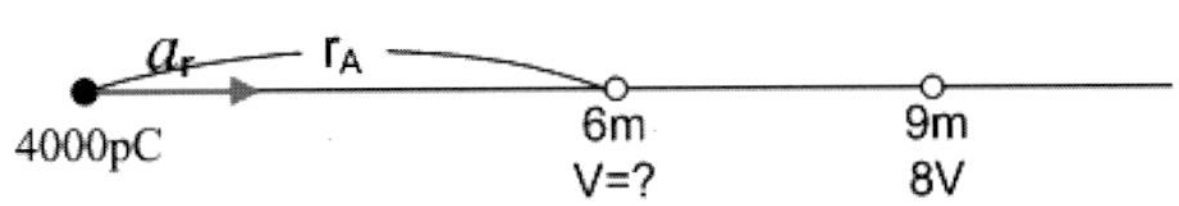

$V = 9\times 10^9 \frac{4000\times 10^{-12}}{6} = 6[V]$ (: 오류)

두점의 전위차 $V = -\int_9^6 9\times 10^9 \frac{4000\times 10^{-12}}{r^2} dr = = 36\left[\frac{1}{6} - \frac{1}{9}\right] = 2[V]$

∴ 6m 지점의 전위는 10[V]

가. 분포전하에 의한 전계와 전위

점전하 분포에 대한 전계와 전위 관계식:

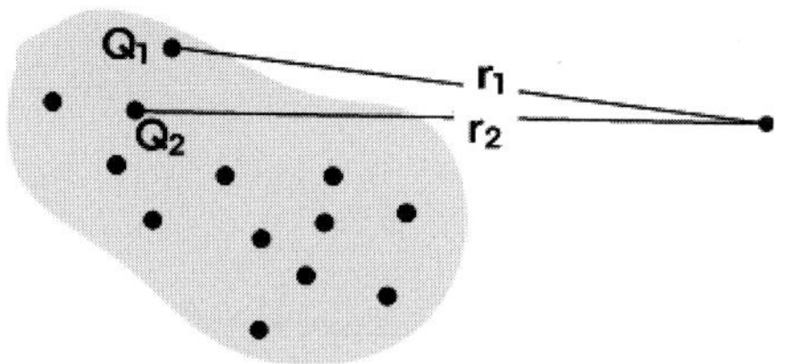

$$\vec{E} = \sum_{m=1}^{n} \frac{Q_m}{4\pi\epsilon_0 r_m^2} a_{rm} \left[\frac{V}{m}\right]$$

$$V = \sum_{m=1}^{n} \frac{Q_m}{4\pi\epsilon_0 r_m} [V]$$

선전하 밀도 ρ_l, 면전하 밀도 ρ_S, 체적전하 밀도 ρ의 연속분포전하 존재시의 전계, 전위는 다음과 같이 주어진다.

$$dQ = \rho_l dl = \rho_S dS = \rho dv$$

$$Q = \int_l \rho_l dl = \int_S \rho_S dS = \int_v \rho_v dv$$

$$\rho_l \left[\frac{C}{m}\right],\ \rho_s \left[\frac{C}{m^2}\right],\ \rho_v \left[\frac{C}{m^3}\right]$$

$$\vec{E} = \int_l \frac{\rho_l dl}{4\pi\epsilon_0 r^2} a_r = \int_S \frac{\rho_s dS}{4\pi\epsilon_0 r^2} a_r = \int_v \frac{\rho_v dv}{4\pi\epsilon_0 r^2} a_r \left[\frac{V}{m}\right]$$

$$V = \int_l \frac{\rho_l dl}{4\pi\epsilon_0 r} = \int_S \frac{\rho_s dS}{4\pi\epsilon_0 r} = \int_v \frac{\rho_v dv}{4\pi\epsilon_0 r} [V]$$

예제

반경 a인 구(균등ρ 존재)시 Q계산.

$$dv = r^2 sin\theta dr d\theta d\phi$$

$$Q = \int_v \rho dv = \int_{r=0}^{r=a} \int_{\theta=0}^{\pi} \int_{\phi=0}^{2\pi} \rho r^2 sin\theta dr d\theta d\phi = \int_{r=0}^{a} \rho 4\pi r^2 dr = \frac{4}{3}\pi a^3 \rho [C]$$

예제

반경 a인 구. 단, ρ가 r에 따라 $\rho = \rho_0 (\frac{r}{a})^{3/2}$로 변화 가정시 Q를 구하라.

$$Q = \int_v \rho dv = \int_v \rho 4\pi r^2 dr = \rho_0 \frac{1}{a^{3/2}} 4\pi \int_0^a r^{7/2} dr$$

$$= \rho_0 a^{-3/2} 4\pi \frac{1}{9/2} a^{9/2} = \frac{8}{9}\pi \rho_0 a^3 [C]$$

예제

선전하 밀도 ρ_l인 반경 a의 원형 선전하 분포존재(at z=0), 중심축상의 점 P(0,0,z)의 전위와 전계를 구하라.

(i) V=?

$$V = \frac{1}{4\pi\epsilon_0} \oint_C \frac{\rho_l}{R} dl$$

$$R = \sqrt{a^2 + z^2}, \quad dl = a d\phi$$

$$V = \frac{\rho_l a}{4\pi\epsilon_0 \sqrt{a^2+z^2}} \int_0^{2\pi} d\phi$$

$$= \frac{\rho_l a}{2\epsilon_0 \sqrt{a^2+z^2}} \ [V]$$

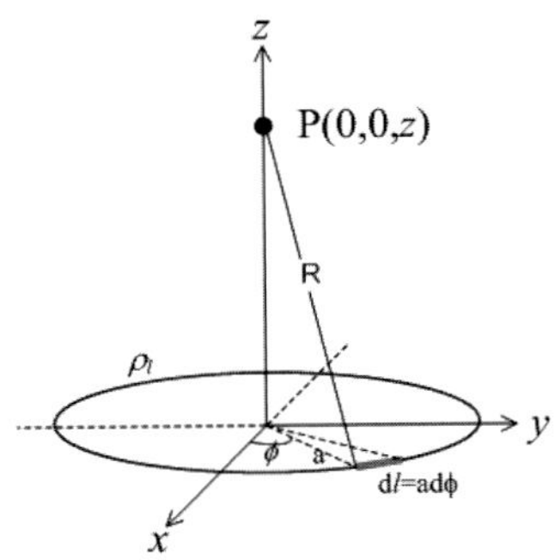

(ii) $\vec{E} = ?$

$$d\vec{E} = d\vec{E_Z} + d\vec{E_r}$$

$$\oint_c d\vec{E_r} = 0(\text{대칭성})$$

$$\therefore dE_Z = dE\cos\theta$$

$$= \frac{\rho_l dl}{4\pi\epsilon_0 R^2} \frac{z}{R}$$

$$= \frac{\rho_l z a}{4\pi\epsilon_0 R^3} d\phi$$

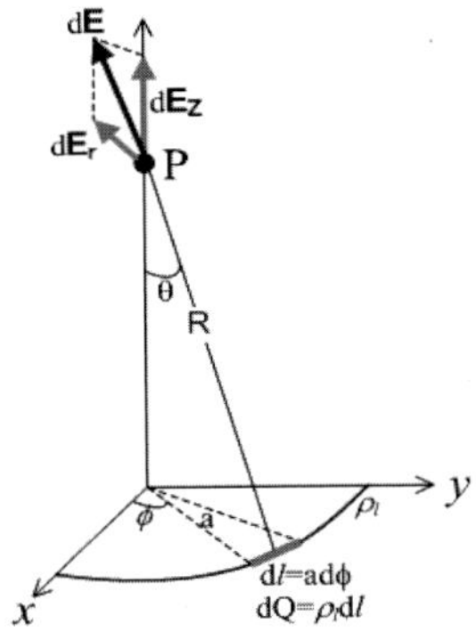

$$\therefore E_Z = \int_0^{2\pi} \frac{\rho_l z a \, d\phi}{4\pi\epsilon_0 (a^2+z^2)^{3/2}} = \frac{\rho_l z a}{2\epsilon_0 (a^2+z^2)^{3/2}}$$

$$\therefore \vec{E} = E_Z a_Z = \frac{\rho_l z a}{2\epsilon_0 (a^2+z^2)^{3/2}} a_Z \quad [\text{v/m}]$$

나. 등전위면(equi-potential surface)

등전위면이란 전계 내 같은 전위를 갖는 면(또는 선=등전위선)으로 정의되며, 분포상태로부터 전계세기의 강약을 판단할 수 있다. 또한, 점전하에 의한 등전위면은 구면이다. 등전위면은 다음과 같은 특성이 있다.

① 서로 다른 등전위면은 교차하지 않는다.

② 등전위면과 전력선(전계)은 수직으로 교차한다.

③ 어떤 등전위면 내부에 상위 등전위면이 존재하면, 등전위면 내부에 +전하가 존재하고 반대의 경우 −전하가 반드시 존재한다.

〈②의 증명〉

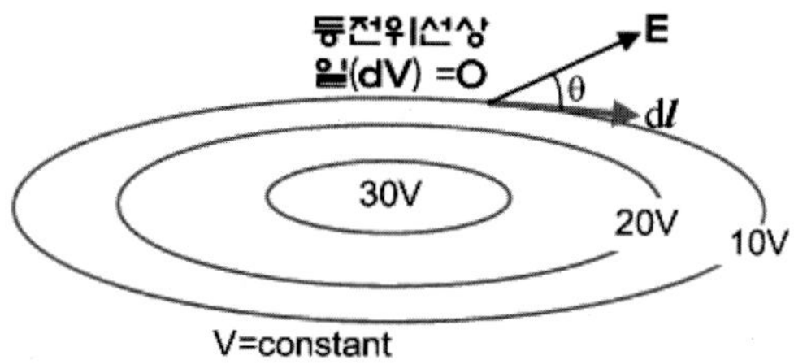

등전위면(선) 내에서 점전하를 운반시 : dV = 0

$$dV = \vec{E} \cdot \vec{dl} = E\cos\theta dl = 0$$
$$\therefore \theta = 90° \ (\because E \neq 0,\ dl \neq 0)$$

예제

점전하 Q=10[pC]에 의한 등전위면을 구하라.

$$V = 9\times10^{9}\frac{10\times10^{-12}}{r} = 9\times10^{-2}\frac{1}{r}\,[V]$$

$$\therefore\ r = \frac{9}{100}\frac{1}{V}\,[m]$$

$V = 3,\ 5,\ 10,\ 20\,[V]$

$\rightarrow r = 3,\ 1.8,\ 0.9,\ 0.45\,[cm]$인 동심구원

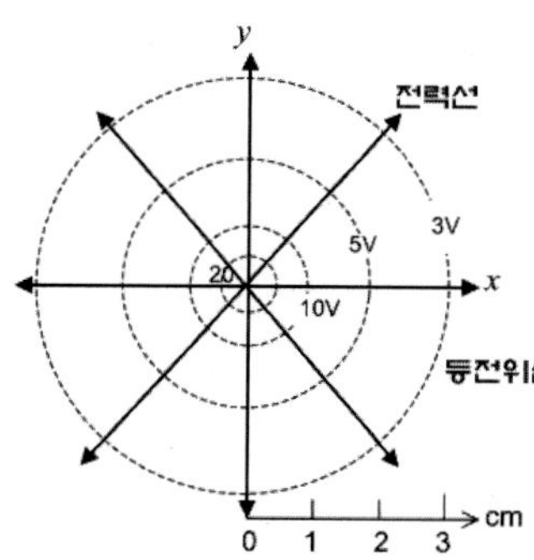

예제

전력선 방정식이 $y = cx$로 주어진다면 등전위선 방정식은?

전력선과 등전위선은 직교선. 전력선의 접선식 $y' = c = y/x$

등전위선의 접선식 $y' = \dfrac{dy}{dx} = -\dfrac{x}{y} \Rightarrow ydy = -xdx$

$\therefore\ x^2 + y^2 = C$ (동심원, 반대 과정도 성립함)

두 양, 음의 점전하가 일정 거리를 두고 존재시의 등전위면은 각 전하에 대한 전력선과 등전위선을 그리고 합성하여 얻을 수 있다.

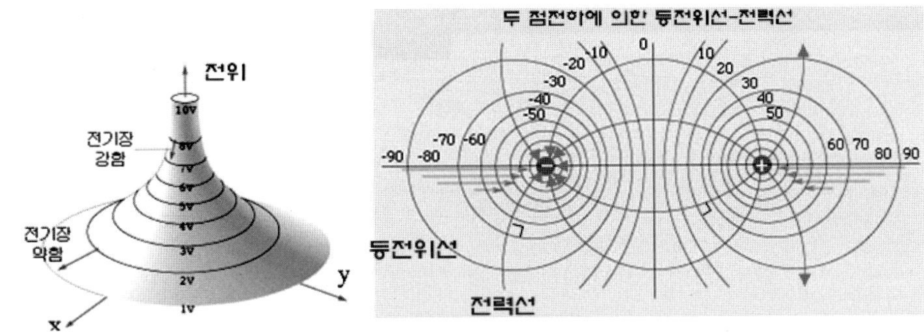

그림 2.1 점전하의 등전위선 및 두 양, 음전하에 의해 생기는 등전위선과 이에 수직한 방향으로 발생하는 전기력선

다. 전위경도(potential gradient)와 전계

전계 내의 임의의 점(x,y,z)에서 전위를 $V_{x,y,z}\,[V = J/C]$라 하고, x-방향의 전계를 $E_x\,[V/m = N/C]$라 하자. 단위정전하 +1[C]을 E_x에 대한 양의 방향으로 미소 변위 dx[m]만큼 이동되어 전위가 dV만큼 감소($-dV$)하였다면, 이 감소는 전계가 행한 일($E_x dx$)의 결과이다.

$$\therefore -dV = E_x dx\,[V] \rightarrow E_x = -\frac{dV_{(x)}}{dx} = -\frac{\partial V_{(x,y,z)}}{\partial x}$$

$$\vec{E} = E_x i + E_y j + E_z k = -\left(\frac{\partial V}{\partial x}i + \frac{\partial V}{\partial y}j + \frac{\partial V}{\partial z}k\right) = -\nabla V = -\,grad\,V \qquad \text{———— (2-11)}$$

즉, 전위의 기울기(전위경도)는 전계의 생성을 의미하며 그 방향은 기울기가 감소하는 방향(전위가 낮아지는 방향)이다. 즉, $\vec{E} = -\nabla V$. 따라서, 전위변화가 크면(경도가 크면) 전계가 크다는 것을 알 수 있다. 또한, 전위는 스칼라이며 전계는 벡터이다. 즉, 식(2-11)은 Scalar ↔ Vector의 양적 관계 구할 때 이용된다.

원통 및 구좌표계에 대해 전위경도는 각각 식(2-12) 및 식(2-13)으로 주어진다.

$$\nabla V = \frac{\partial V}{\partial r} a_r + \frac{1}{r}\frac{\partial V}{\partial \phi} a_\phi + \frac{\partial V}{\partial z} a_z \quad \text{(원통좌표계)} \tag{2-12}$$

$$\nabla V = \frac{\partial V}{\partial r} a_r + \frac{1}{r}\frac{\partial V}{\partial \theta} a_\theta + \frac{1}{r\sin\theta}\frac{\partial V}{\partial \phi} a_\phi \quad \text{(구 좌표계)} \tag{2-13}$$

예제

$V = 2x^2 + 3y^2\,[V]$의 전위분포 공간에서 전력선 방정식을 구하여라.

(전력선 방정식 : $\frac{dx}{Ex} = \frac{dy}{Ey}$)

$$\vec{E} = -\nabla V = -\left(\frac{\partial V}{\partial x} i + \frac{\partial V}{\partial y} j + \frac{\partial V}{\partial z} k\right) = -(4xi + 6yj)$$

$$\frac{dx}{4x} = \frac{dy}{6y},\ \frac{dx}{2x} = \frac{dy}{3y} \to \frac{\ln x}{2} = \frac{\ln y}{3} + C_1$$

$$\ln x^3 = \ln y^2 + C_2,\ \ln\frac{x^3}{y^2} = C_2,\ \frac{x^3}{y^2} = e^{C_2}$$

$$\therefore x^3 = Cy^2$$

예제

점전하 Q에 의한 한 점의 전위는 $V = \frac{1}{4\pi\epsilon_0}\frac{Q}{r}\,[V]$이다. 그 점에서의 전계세기를 직각좌표계, 구좌표계에 대해 구하라.

구좌표 : $\vec{E} = -\nabla V = -\left(\frac{\partial V}{\partial r}\right) a_r = -\left(-\frac{1}{4\pi\epsilon_0}\frac{Q}{r^2}\right) a_r = \frac{1}{4\pi\epsilon_0}\frac{Q}{r^2} a_r;\ r = \sqrt{x^2 + y^2 + z^2}$

직각좌표계이용하면,

$$\vec{r} = xi + yj + zk,\ r = \sqrt{x^2 + y^2 + z^2},\ a_r = \frac{\vec{r}}{r} = \frac{xi + yj + zk}{\sqrt{x^2 + y^2 + z^2}}$$

$$\therefore \vec{E} = \frac{Q}{4\pi\epsilon_0}(x^2 + y^2 + z^2)^{-3/2}(xi + yj + zk)$$

연습문제

❶ $V=2x^2y-5z$의 전위분포를 갖는 자유공간 상의 점 $P(-4,3,6)$에서의 (a) 전위 V_P, (b) 공간상의 전계 $\vec{E}$, (c) P점에서의 전계 $\overrightarrow{E_P}$, (d) 전속밀도 $\vec{D}$, (e) 체적전하밀도 ρ, ρ_P를 각각 정의하라.

〈Ans〉 (a) $V_P=66[V]$, $\vec{E}=-4xyi-2x^2j+5k[V/m]$, $\overrightarrow{E_P}=48i-32j+5k[V/m]$,

$\vec{D}=-35xyi-17.71x^2j+44.3k[pC/m^2]$ $\rho=-35.4y[pC/m^3]$, $\rho_P=-106.2[pC/m^3]$

❷ 원통좌표계에서의 전위가 $V=\dfrac{100}{z^2+1}r\cos\phi[V]$로 주어졌다. 점 $P(3[m],60[°],2[m])$에 대해 전위, 전계, 전계의 크기를 각각 구하라.

〈Ans〉 $V_P=30[V]$, $\overrightarrow{E_P}=-10a_r+17.3a_\phi+24a_z[V/m]$, $|\overrightarrow{E_P}|=31.2[V/m]$

2.3 가우스법칙과 전속밀도

가. 전속 및 전속밀도

(1) 전속(electric flux)

전력선은 매질의 종류에 따라 그 선수가 달라 유전율 ε 매질 내에서는 $Q/\epsilon[lines]$의 전력선이 발생한다. 즉, 전력선밀도(Q,ϵ).

주위의 매질(유전체, 절연체, 도전체 등)에 관계없이 +1[C]의 단위정전하로부터 1개의 가상적인 선이 나온다고 생각하고 이것을 전속, 유전속이라고 정의한다.

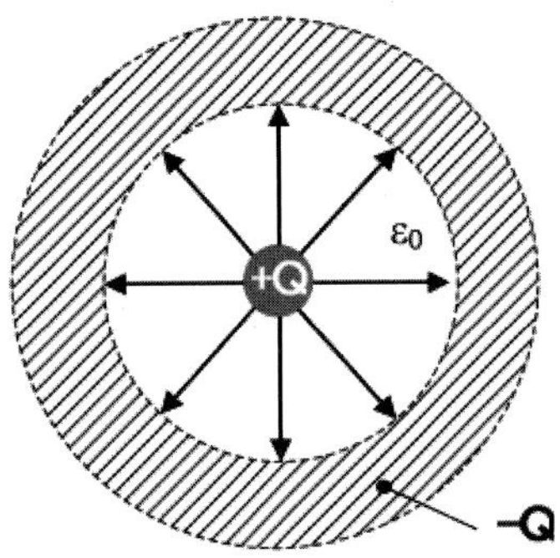

〈전속개념도입하여 Faraday 실험을 설명〉

내부 도체구에 +Q[C]전하를 인가하면

외부 도체구에 -Q[C]이 유도

- 이것은 주위 매질에 무관함을 설명가능

: Faraday tube(전속 1개가 지나가는 관)

패러데이 관수 = 전속수(ϕ)

(2) 전속밀도(electric flux density, 변위밀도) : $\overrightarrow{D}$

단위면적을 수직으로 지나가는 전속 수 즉, 면적당 전속 수로 $\overrightarrow{D}\,[C/m^2]$ 로 표현한다. 방향은 + ⇨ −로 전계와 동일한 방향을 갖는다(일반적인 경우 강전계에서는 다를 수 있음).

자유공간 상 Q로부터 r 떨어진 점 P에서의 전속밀도 (S는 구의 면적)는 다음과 같다.

$$\overrightarrow{D} = \frac{\phi}{S} a_r = \frac{Q}{4\pi r^2} a_r$$

또한, 자유공간 상 Q로부터 r 떨어진 점 P에서의 전계는

$$\overrightarrow{E} = \frac{Q}{4\pi\epsilon_0 r^2} a_r$$

이므로 전계와 전속밀도는 식(2−14)과 같은 관계를 갖는다.

$$\therefore \overrightarrow{D} = \epsilon_0 \overrightarrow{E} \qquad \text{———— (2−14)}$$

나. 가우스법칙

(1) 가우스(Gauss) 법칙의 정성적 이해

가우스법칙은 Faraday 실험법칙을 일반화한 것으로 정의는 다음과 같다.

자유공간 상에 존재하는 임의의 폐곡면을 통하여(수직통과) 나아가는 전속 수는 곡면내의 전 전하량 Q와 같다.

자유공간 상에 존재하는 임의의 폐곡면을 통하여(수직통과) 나아가는 전력선수는 이 곡면내의 전 전하량 Q의 $1/\varepsilon_0$와 같다.

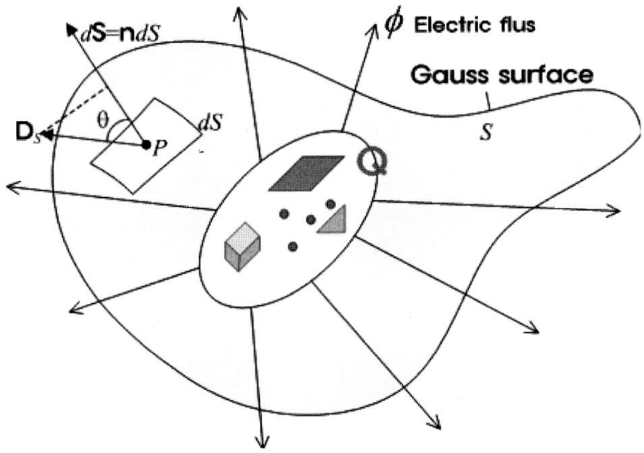

그림 2.2 Gauss 법칙을 설명하기 위한 폐곡면(가우스 면)과 전속밀도. 폐곡면 내의 전하의 형태와 무관함.

그림 2.2와 같이 $d\vec{S}$와 $\vec{D}$가 θ각을 이루고 있다면, $\vec{D}$의 $d\vec{S}$성분은 $D\cos\theta$로 주어진다. dS를 수직으로 통과하는 전속을 $d\phi$라 하면, $d\phi = D\cos\theta\, dS = \vec{D} \cdot d\vec{S}$ 로 주어진다. 따라서,

$$\phi = \oint_S \vec{D} \cdot d\vec{S} = \oint_S \vec{D} \cdot \vec{n}\, dS = Q \qquad \text{——— (2-15)}$$

- 면적소 : $dS = dxdy = rd\phi dz = r^2 \sin\theta d\phi$ (그림 1.6 참조)
- 전하 : $Q = \sum Q_n = \int_l \rho_l dl = \int_S \rho_s dS = \int_v \rho\, dv$

(2) 가우스법칙의 미분형과 발산정리

전속밀도의 발산의 개념을 도입하므로 다음과 같은 Gauss 법칙의 미분형을 얻을 수 있다.

발산의 정리(divergence theorem)

어떤 벡터계 내에서 임의의 폐곡면에 대한 벡터의 면적분은 그 폐곡면으로 이루어진 체적에 대한 이 벡터의 발산의 체적 적분과 같다.

$$\oint_S \vec{D} \cdot d\vec{S} = \int_v \nabla \cdot \vec{D} dv \qquad \text{——— (2-16)}$$

$$\oint_S \vec{D} \cdot d\vec{S} = Q = \int_v \rho dv = \int_v \nabla \cdot \vec{D} dv$$ ⇨ 양변미분,

$$\nabla \cdot \vec{D} = \rho$$
$$\nabla \cdot \vec{E} = \rho / \epsilon_0 \qquad \text{——— (2-17)}$$

가우스법칙의 미분형인 식(2-17)은 "어떤 점에서 발산($\nabla \cdot$)하는 단위 체적당 전속수(전속밀도)는 그 점에서의 전하밀도와 같다"로 해석된다. 만약, 고찰 점에 전하가 없다면 $\nabla \cdot \vec{D} = 0$ (전속밀도의 연속방정식)가 된다. 이 식은 정전계 및 정상자계에 적용되는 멕스웰의 4개의 방정식 중의 첫 방정식이다.

예제

−0.2μC으로 대전된 동전, ρ_l이 2μC/m인 20cm 전선을 폐곡면으로 둘러쌌다.

(i) 이 때 이 폐곡면으로부터 나아가는 전속수는?

$$\phi = \sum Q_n = (-0.2 \times 10^{-6} + (2 \times 10^{-6}) \times 0.2) = 0.2 \times 10^{-6}\ [C = lines]$$

(ii) 전력선수는?

$$N = \sum Q_n / \epsilon_0 = \frac{0.2 \times 10^{-16}}{8.854 \times 10^{-12}} = 2.23 \times 10^4\ [lines]$$

연습문제

❶ 전속밀도 $\vec{D} = \frac{4xy}{z} a_x + \frac{2x^2}{z} a_y - \frac{2x^2 y}{z^2} a_z$가 주어졌다. 이에 대응하는 체적전하밀도 표현식을 구하라.

〈Ans〉 $\rho = \frac{4y}{z^2}(x^2 + z^3)$

❷ 전속밀도 $\vec{D} = (2xyz - y)a_x + (x^2 z - 2xy)a_y + x^2 y a_z\ [C/m^2]$이 주어진 경우, 공간 상 좌표점 $P(2, 3, -1)$에서의 발산 값($\nabla \cdot \vec{D}$)을 구하라.

〈Ans〉 −10

❸ 전하밀도가 일정한 공간에 $V = x^2 + y^2[V]$의 전위가 주어진 경우, 공간 내 $1[m^3]$의 체적 안의 전하는 얼마인가?

〈hint : $\vec{E} = -\nabla V;\ \rho = \epsilon_0 \nabla \cdot \vec{E}$〉

〈Ans〉 $-4\epsilon_0[C/m^3]$

다. 가우스법칙의 계산 예

(1) 도체구에 의한 전계(점대칭 분포)

그림 2.3과 같은 반경 a인 전하 Q의 대전도체구를 고려하자. 대전도체구는 존재하는 전하들의 반발력으로 정상상태의 전하는 구 표면에만 존재한다.

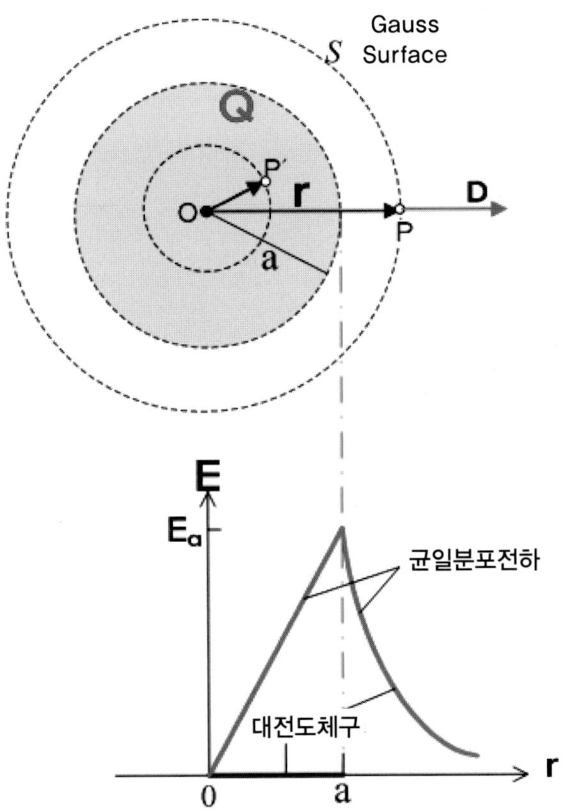

그림 2.3 도체구(대전도체와 균일전하 분포도체)에 대한 개략도, 전계분포

⊙ r〉a인 점 P의 전속밀도 $\overrightarrow{D}$: D는 항상 가우스면에 수직하며, 면 상에서 크기는 동일하다.

$$\phi = \oint \overrightarrow{D} \cdot d\overrightarrow{S} = \oint DdS$$

$$\therefore \ \overrightarrow{D} = \frac{Q}{4\pi r^2} a_r$$

$$\overrightarrow{E} = \frac{\overrightarrow{D}}{\epsilon_0} = \frac{Q}{4\pi \epsilon_0 r^2} a_r$$

$$V_p = -\int_{\infty}^{r} \overrightarrow{E} \cdot d\overrightarrow{l} = \frac{Q}{4\pi \epsilon_0 r}$$

⊙ r⇨a 인 점에서,

$$\overrightarrow{D_a} = \frac{Q}{4\pi a^2} a_r$$

$$\overrightarrow{E_a} = \frac{Q}{4\pi \epsilon_0 a^2} a_r$$

$$V_a = \frac{Q}{4\pi \epsilon_0 a} = E_a a \qquad \text{(2–18)}$$

⊙ r〈a인 P'인 점에서 (고찰점 전하 없음. 표면전하만 존재)

$$\overrightarrow{D} = 0, \ \overrightarrow{E} = 0$$

균일전하분포 ρ의 구상전하의 경우 내부에서(P')에서의 전계(r〈a)를 구하자. 폐곡면 내부의 전하 Q'[C]라 하면,

$$\frac{Q'}{Q} = \frac{(4/3)\pi r^3 \rho}{(4/3)\pi a^3 \rho} \qquad \therefore \ Q' = (\frac{r^3}{a^3})Q$$

$$\int \overrightarrow{D} \cdot d\overrightarrow{S} = Q' = (\frac{r^3}{a^3})Q$$

$$\therefore \overrightarrow{D} = \frac{1}{4\pi r^2}(\frac{r^3}{a^3})Qa_r = \frac{r}{4\pi a^3} Qa_r \ \text{(for } 0 < r < a)$$

$$\overrightarrow{E} = \frac{r}{4\pi \epsilon_0 a^3} Qa_r$$

즉, 전계 및 전속밀도는 대전도체구와는 달리 r에 선형 비례함을 알 수 있다.

예제

공기 중에 반경 1[m]의 도체구가 있다. 구 내부에 공간전하밀도 ρ [C/m^3]가 균일분포 되어 있다면, 0.5[m]되는 점 P의 전계는?

구내부전하 $Q_i = \int \rho dv = 4/3\pi\rho$

반경 0.5m의 Gauss면을 설정하고 가우스면 내부 전하를 Q라 하면,

$Q_i : Q = 4/3\pi(1)^3 : 4/3\pi(0.5)^3$

$\therefore \ Q = (0.5)^3 Q_i = 1/8 \times 4/3\pi\rho = \pi\rho/6\,[C]$

$\Rightarrow \oint \overrightarrow{D} \cdot d\overrightarrow{S} = \pi\rho/6; \ 4\pi(1/2)^2 D = \frac{\pi\rho}{6}$

$\therefore \overrightarrow{D} = \frac{\rho}{6} a_r, \quad \overrightarrow{E} = \frac{\rho}{6\epsilon_0} a_r \ [\frac{V}{m}]$

예제

반경 a[m]의 구형으로 전하가 균등분포한 도체구가 공기 중에 놓여 있다. 중심으로부터 r(r〉a)[m]인 지점의 전계(E_r)와 표면전계(E_a) 사이의 관계는?

반경 r 내의 전하는 $Q = \frac{4}{3}\pi a^3 \rho [C]$, 전계의 방향은 모두 방사방향임.

(i) r(r〉a)인 점의 전계 E_r :

$$\oint E \cdot dS = \frac{Q}{\epsilon_0} = \frac{4\pi}{3\epsilon_0} a^3 \rho ; 4\pi r^2 E_r = \frac{4\pi}{3\epsilon_0} a^3 \rho$$

$$\therefore E_r = \frac{1}{3\epsilon_0 r^2} a^3 \rho \ [\frac{V}{m}]$$

(ii) r=a 인 점의 전계 $E_a = \frac{a\rho}{3\epsilon_0} [\frac{V}{m}]$, $\quad \therefore E_r = \frac{a\rho}{3\epsilon_0} \frac{a^2}{r^2} = \frac{a^2}{r^2} E_a$

예제

> 공기의 절연내력을 30[kV/cm]라 하면, 반경 a인 도체구에서 코로나방전이 시작되는 전위는?
>
> $$V = Ea = 3 \times 10^6 a\,[V]$$
>
> ∴ 구의 반경 a가 작을수록 낮은 전위에서 방전이 시작
>
> 피뢰침의 피뢰효과는 피뢰침의 끝을 날카롭게(a 감소)하므로 낮은 전위에서 빨리 방전하도록 함.

(2) 대전원통에 의한 전계(축 대칭 전하 분포)

그림 2.4에 보이는 바와 같이 중심축으로부터 거리 r(r>a) 떨어진 P점에서의 전계를 구하자. 전계는 축 대칭이므로 방사성분 만이 존재한다. 즉, 반경 a의 원형 단면인 무한 길이 원통이 균일 선전하밀도 ρ_l[C/m]로 분포되어 있는 것으로 가정하자.

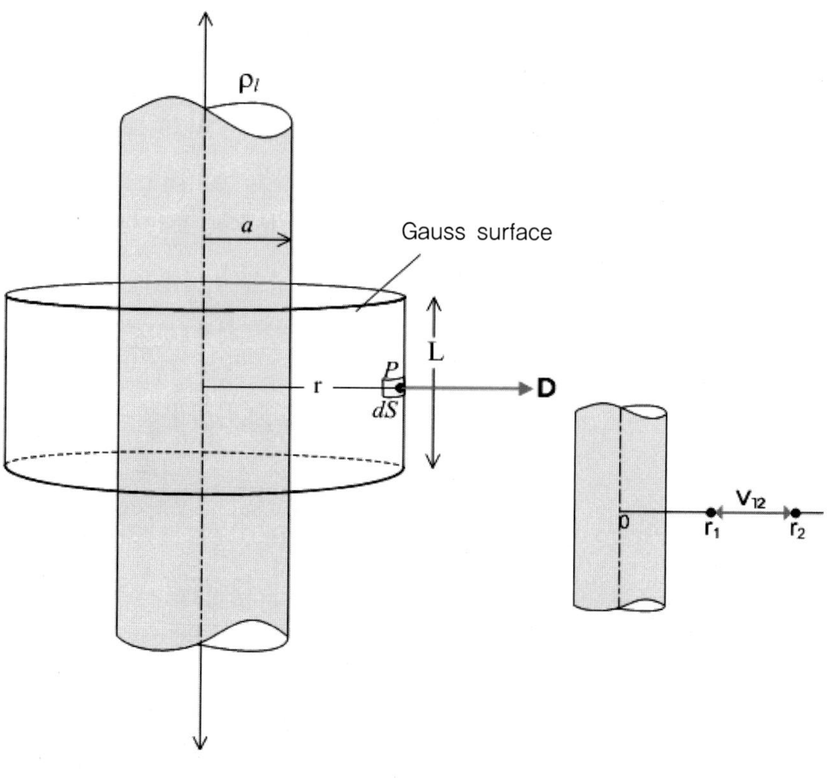

그림 2.4 균일 선전하 밀도를 갖는 대전원통 설명도

$$\phi = \oint_S \vec{D} \cdot d\vec{S} = D2\pi rL = \rho_l L$$

$$\therefore \ \vec{D} = \frac{\rho_l}{2\pi r} a_r \qquad \text{(2-19)}$$

$$\vec{E} = \frac{\rho_L}{2\pi\epsilon_0 r} a_r \quad (\because E \propto \frac{1}{r})$$

⊙ 중심축으로부터의 거리 $r_1, r_2\,(r_1 < r_2)$인 원통 밖 두 점의 전위차 V_{12}를 구하자.

$$\begin{aligned} V_{12} &= -\int_{r_2}^{r_1} \vec{E} \cdot d\vec{l} = -\int_{r_2}^{r_1} \frac{\rho_l}{2\epsilon_0 \pi r} dr \\ &= \frac{\rho_l}{2\pi\epsilon_0} \int_{r_1}^{r_2} \frac{1}{r} dr = \frac{\rho_l}{2\pi\epsilon_0} (lnr_2 - lnr_1) = \frac{\rho_l}{2\pi\epsilon_0} \ln\frac{r_2}{r_1} \end{aligned} \qquad \text{(2-20)}$$

⊙ 중심축으로부터 비교적 근거리인 경우는 무한길이원통이 아닐 경우도 성립한다.

예제

도체구와 대전원통을 광원과 비교해 보자. 예를 들어 도체구는 백열구로 대전원통은 직선 형광등과 유사한 특성을 갖는다. 광에서 임의의 거리에서 측정한 빛의 세기(면적당 power)를 irradiance I로 표시한다.

같은 거리(r)에서의 빛의 세기가 백열전구는 거리에 역자승에 비례하고, 직선 형광등은 근거리에서는 거리에 역비례한다. 이것은 식 (2-18)과 (2-19)의 전계 관계식으로부터 예견된 결과이다.

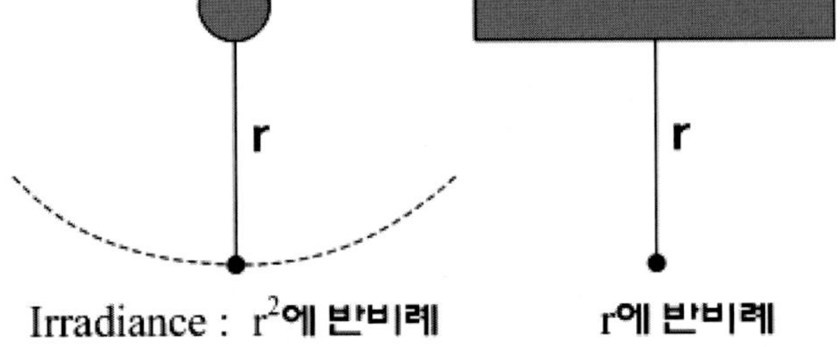

(3) 대전평판에 의한 전계

면전하분포 ρ_S를 갖는 무한 단일 평행판에 대해 그림 2.5와 같은 가우스면을 설정하고 가우스 법칙을 적용하면 다음과 같은 전속밀도 및 전계를 구할 수 있다.

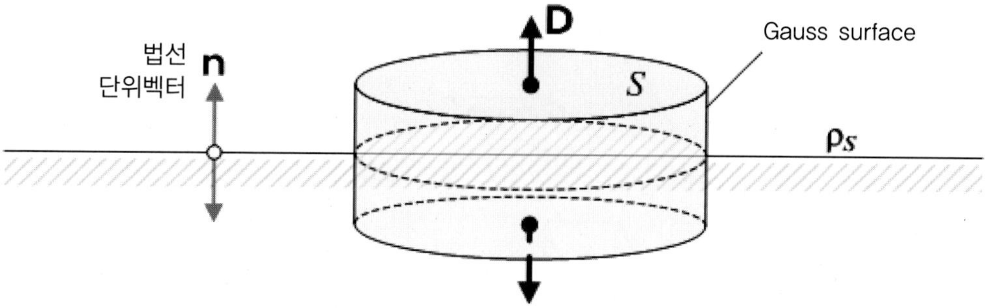

그림 2.5 무한 단일 평행판에 대한 가우스 면과 전속밀도

$$\phi = \oint_S \overrightarrow{D} \cdot d\overrightarrow{S} = DS + DS = \rho_S S$$

$$\therefore \overrightarrow{D} = \frac{\rho_S}{2} n \qquad \text{—— (2-21)}$$

$$\overrightarrow{E} = \frac{\overrightarrow{D}}{\epsilon_0} = \frac{\rho_s}{2\epsilon_0} n$$

즉, 전력선은 판면에 수직으로 밀도가 일정하게 평행 발산하며 거리에 무관하다. 이를 평등(균등) 전계라고 한다. 근사적으로 면광원일 경우 면적이 비교적 넓으면 가까운 거리에서는 밝기가 거리가 무관하다.

두 장의 평행판의 경우를 고려하자. 그림 2.6과 같이 무한 넓이의 균일전하 $\pm\rho_S$가 분포된 경우이다. 전계는 양(+)에서 음(−)으로 향한다.

$$\oint \overrightarrow{E} \cdot d\overrightarrow{S} = \frac{S\rho_S}{\epsilon_0}; \quad ES = \frac{S\rho_S}{\epsilon_0} \qquad \text{—— (2-22)}$$

$$\therefore \overrightarrow{E} = \frac{\rho_S}{\epsilon_0} n$$

평행판의 면적이 간격(d)에 비교하여 넓을 경우($S' \gg d$), 무한 넓이 대전판에 근사될 수 있다.

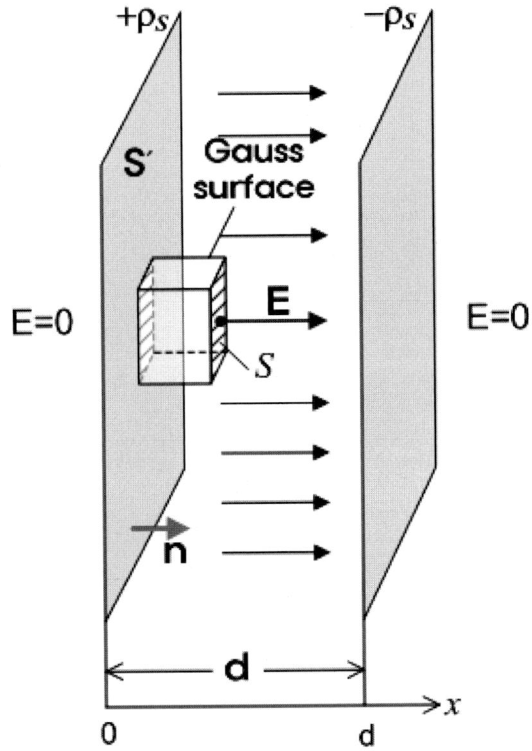

그림 2.6 균일 면전하분포($\pm\rho_S$)를 갖는 두장의 평행판에 대한 가우스면과 전속밀도

두 대전판 사이의 전위차 V:

$$V = -\int_d^0 \vec{E} \cdot d\vec{l} = -\int_d^0 \frac{\rho_s}{\epsilon_0} dx = \frac{\rho_s}{\epsilon_0} d = Ed \qquad \text{(2-23)}$$

⇨ 평행판 커패시터(capacitor)로 응용된다.

예제

진공 중에 x = 3[m]으로 주어지는 무한 평면(S_1)에 $\rho_{S_1} =$ 20[C/m^2], y = 5[m]인 평면(S_2)에 $\rho_{S_2} = 30$[C/m^2] 인 두 대전 평면이 있다. 점 P(2,6,5)[m]에서의 전계를 구하라.

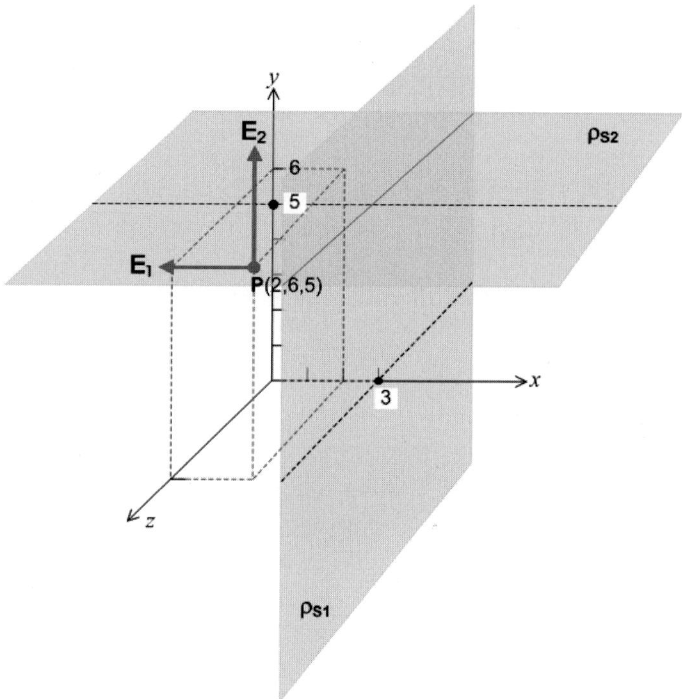

ρ_{S_1}에 의한 평등 전계 $\overrightarrow{E} = \frac{\rho_{S_1}}{2\epsilon_0}(-i)$

ρ_{S_2}에 의한 평등 전계 $\overrightarrow{E} = \frac{\rho_{s1}}{2\epsilon_0}(j)$

$$\therefore \ \overrightarrow{E} = \overrightarrow{E}_1 + \overrightarrow{E}_2 = \frac{20\epsilon_0}{2\epsilon_0}(-i) + \frac{30\epsilon_0}{2\epsilon_0}(j) = -10i + 15j \ [\frac{V}{m}]$$

2.4 전기쌍극자와 입체각

원자 또는 분자와 같은 미소 물질은 분극에 의해 +Q, −Q의 전하가 동일한 크기로 미소 거리 l 떨어져 존재하는 데, 이 경우 두 점전하에 의한 공간 특성은 하나로 보아 처리한다. 이를 전기쌍극자(electric dipole)라 하며, 반도체, 유전체 등과 같은 전자 재료 내부 전계를 구하는 데 중요하게 이용된다. 같은 형태로 동리한 크기의 정, 부 자하(magnetic charge)가 미소 간격을 가지고 존재할 경우, 이를 묶어 자기쌍극자(magnetic dipole)라 한다.

전기쌍극자 : 미소 간격(l)을 두고 존재하는 동일한 크기의 +Q, -Q의 전하쌍
전기쌍극자 축 및 간격 변위벡터 방향 : -Q ⇨ +Q : $\vec{l}$
전기쌍극자 능률(electric dipole moment) : $\overrightarrow{M} = Q\vec{l}\ [Cm]$

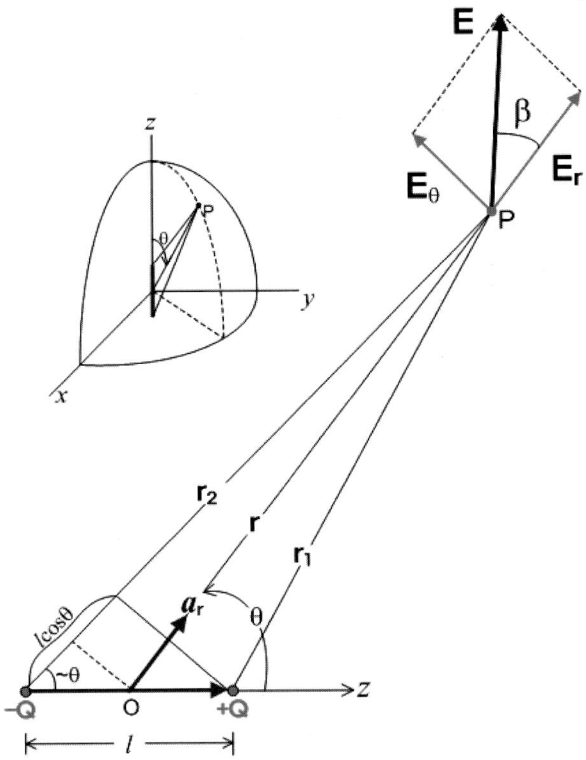

그림 2.7 공기 중에 존재하는 전기쌍극자에 의한 P점에서의 전계. 구 좌표계를 고려, P점에서의 전계는 r과 θ에 의존함을 알 수 있다.

그림 2.7과 같은 공기 중에 놓인 전기쌍극자에 의한 한 점 P에서의 전위 V와 전계 E를 구하자. -Q와 +Q가 미소 간격 $\vec{l}$을 두고 존재하며, P점간의 거리는 각각 r_2, r_1 이다.

P점의 전위는 두 점전하에 의한 스칼라 합성으로 다음 식으로 주어진다.

$$V = \frac{Q}{4\pi\epsilon_0}\left(\frac{1}{r_1} - \frac{1}{r_2}\right)[V]$$

일반적으로 전기쌍극자의 간격에 비하여 고찰 점의 거리가 매우 크므로($r \gg l$) 위식은 식(2-24)와 같이 전기쌍극자 모멘트 및 r의 함수로 근사될 수 있다.

$$r_1 = r - \frac{l}{2}cos\theta[m],\ r_2 = r + \frac{l}{2}cos\theta[m]$$

$$\therefore V = \frac{Q}{4\pi\epsilon_0}\left(\frac{1}{r - \frac{l}{2}cos\theta} - \frac{1}{r + \frac{l}{2}cos\theta}\right)$$

$$= \frac{Q}{4\pi\epsilon_0}\left(\frac{l\,cos\theta}{r^2 - (\frac{l}{2}cos\theta)^2}\right)$$

$$\approx \frac{Ql\,cos\theta}{4\pi\epsilon_0 r^2}[V] \quad (\because r \gg l, r^2 \gg l^2)$$

$$\approx \frac{Mcos\theta}{4\pi\epsilon_0 r^2}$$

$$\therefore\ V \approx \frac{\overrightarrow{M} \cdot \overrightarrow{a_r}}{4\pi\epsilon_0 r^2}\ [V] \qquad \text{——— (2-24)}$$

P점의 전계는 두 점전하에 의한 벡터합성으로 좌표계를 고려하여야 한다. 그림 2.7에서 보는 바와 같이 직각좌표계 보다는 구좌표계를 고려하는 것이 용이하다. 즉, 식(2-24)의 P점의 전위를 구좌표계 함수 $V(r, \theta, \phi)$와 연관시키고 전위경도를 구하므로 다음과 같이 전계를 구할 수 있다. 여기서 V는 r, θ함수이므로 ϕ에는 독립임을 알 수 있다.

$$E(r, \theta, \phi) = -\nabla V(r, \theta, \phi) = -\left(\frac{\partial V}{\partial r}a_r + \frac{1}{r}\frac{\partial V}{\partial \theta}a_\theta + \frac{1}{r\sin\theta}\frac{\partial V}{\partial \phi}a_\phi\right)$$

$$\overrightarrow{E} = E_r a_r + E_\theta a_\theta\ [V/m]$$

여기서,

$$E_r = -\frac{\partial V}{\partial r} = \frac{2M\cos\theta}{4\pi\epsilon_0 r^3}, \quad E_\theta = -\frac{1}{r}\frac{\partial V}{\partial \theta} = \frac{M\sin\theta}{4\pi\epsilon_0 r^3}$$

이며, 합성 전계의 크기는 $\sin^2\theta = 1 - \cos^2\theta$이므로 식(2-25)와 같이 표현될 수 있다.

$$E = \frac{M}{4\pi\epsilon_0 r^3}\sqrt{4\cos^2\theta + \sin^2\theta} = \frac{M}{4\pi\epsilon_0 r^3}\sqrt{1+3\cos^2\theta} \qquad \text{——— (2-25)}$$

전계를 정확이 정의하기 위해 식(2-25)의 크기뿐만 아니라 방향을 정의하여야 한다. 그림 2.7에서 보는 바와 같이 E_r과 E가 이루는 각도를 β라고 할 경우, $\beta(\theta)$를 정의할 수 있다. 즉,

$$\tan\beta = \frac{E_\theta}{E_r} = \frac{1}{2}tan\theta \qquad \text{——— (2-26)}$$

예제

공기 중에 모멘트 $M = 4\pi\epsilon_0[Cm]$을 갖는 전기쌍극자가 놓여 있다. r=1[m], $\theta = \pi/4$지점에서의 전계를 구하라.

$$E_r = -\frac{\partial V}{\partial r} = \frac{2M\cos\theta}{4\pi\epsilon_0 r^3} = \frac{2(4\pi\epsilon_0)\cos(\pi/4)}{4\pi\epsilon_0(1)^3} = \sqrt{2} = 1.414[V/m]$$

$$E_\theta = -\frac{1}{r}\frac{\partial V}{\partial\theta} = \frac{M\sin\theta}{4\pi\epsilon_0 r^3} = 0.707[V/m]$$

$$\therefore\ \vec{E} = 1.414a_r + 0.707a_\theta\ [V/m]$$

직선을 한점을 중심으로 회전하였을 때 만들어 지는 원뿔각을 입체각(solid angle)이라 한다. 평면각을 $\theta[rad]$으로 정의하는 것과 마찬가지로 다음과 같이 입체각을 $\omega[sr]$을 정의한다.

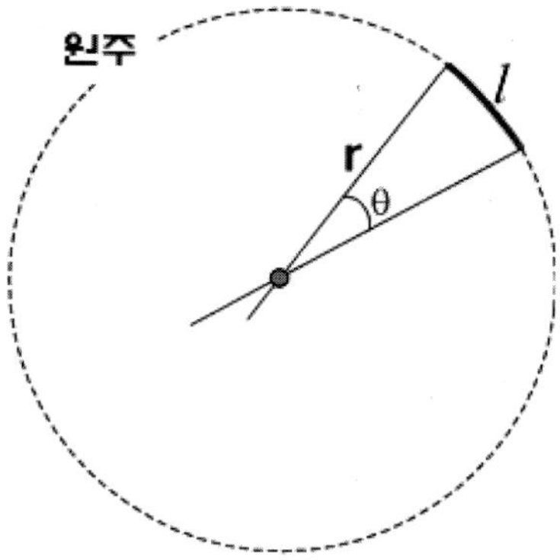

〈평면각〉

$l = r\theta$ (small angle approximation)

$\theta = l/r\,[rad]$

$l = r$이 되는 θ를 단위로 정한 1[rad]의 단위계 사용

(호도법)

⇨ 원주 = 2π [rad], $\pi = 180°$

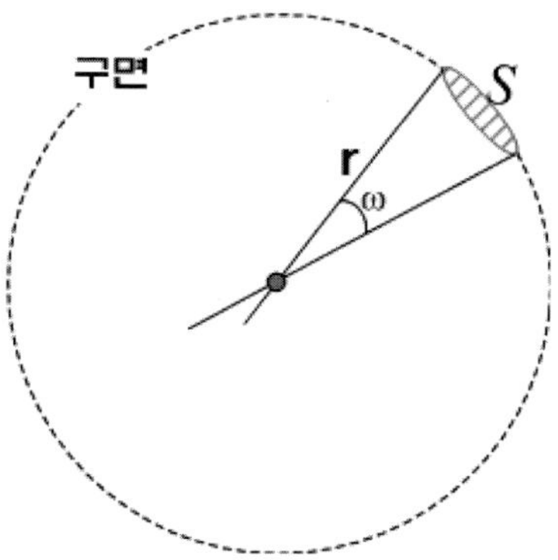

〈입체각〉

$S = r^2\omega$

$\omega = S/r^2\,[sr]$: Steradian

$S = r^2$ 이 되는 ω를 단위로 정한 1[sr]의 단위계 사용

⇨ 전구: $\omega = \dfrac{4\pi r^2}{r^2} = 4\pi\,[sr]$

⇨ 반구: $\omega = \dfrac{2\pi r^2}{r^2} = 2\pi\,[sr]$

예제

다음 그림과 같이 미소면적 dS가 임의의 점 P에 대하여 갖는 입체각 dw[sr] 관계식을 구하라.

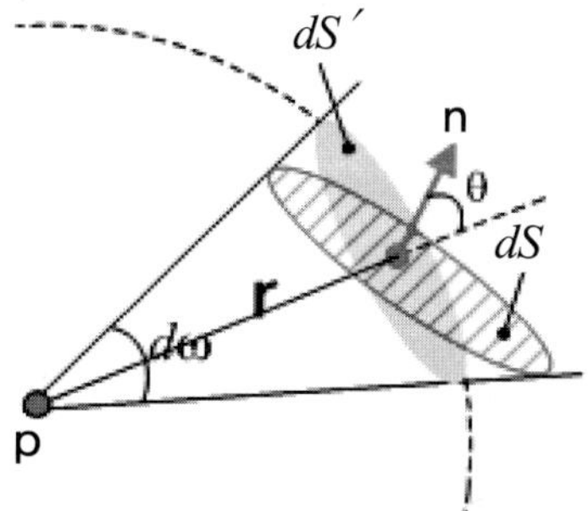

$dS' = dS$의 투영면적

$$dw = \frac{dS'}{r^2}\,[sr]\ \ (dS' = dS\cos\theta)$$

$$\therefore\ dw = \frac{dS\cos\theta}{r^2}\,[sr]$$

예제

반경 a인 원 또는 원판이 원점 P로부터 중심축 상 x[m]의 점에 존재할 때, 점 P에 대해 갖는 원판의 입체각을 x와 a함수 즉, $w(x,a)$를 정의하라.

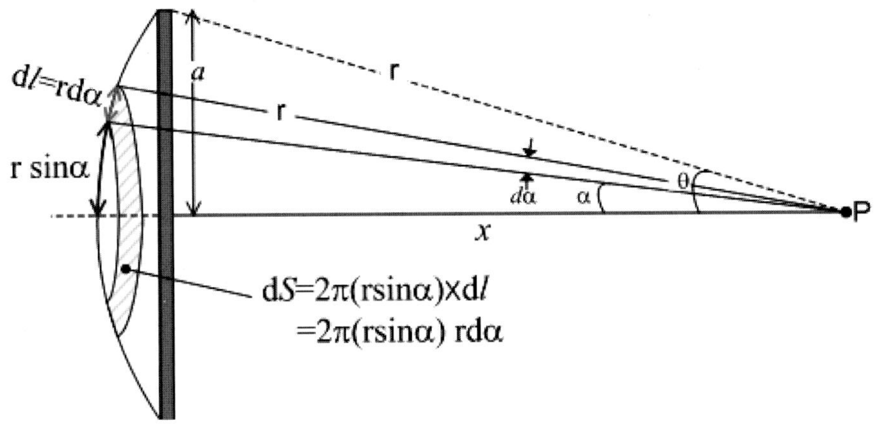

$$w = \frac{S}{r^2}[sr]$$

$$S = \int_0^\theta dS = \int_0^\theta (2\pi r sin\alpha) r d\alpha$$

$$= 2\pi r^2(-cos\alpha)\Big|_0^\theta = 2\pi r^2(cos\alpha)\Big|_\theta^0$$

$$= 2\pi r^2(1 - cos\theta)\ \ [m^2]$$

$$\therefore\ w = 2\pi(1 - cos\theta)[sr] = 2\pi(1 - \frac{x}{\sqrt{x^2 + a^2}})[sr]$$

2.5 정전에너지

정전하에 의해 형성되어진 전계공간에 저장되는 에너지를 정전에너지 또는 전계에너지라 한다. 단위체적 당 정전에너지인 정전에너지 밀도는 식(2-27)로 정의된다. 공간상 한 점에서의 정전에너지밀도는 그 점의 전계와 전속밀도의 곱으로 정의된다. 먼저 이것이 타당함을 단위로 확인해 보자.

$$DE \Rightarrow \left[\frac{C}{m^2}\right]\left[\frac{V}{m}\right] = \left[\frac{J}{m^3}\right]$$

따라서, 정전에너지밀도는 전계와 전속밀도의 곱이다. 또한 전자기파의 경우 공간, 시간에 따라 일정한 값을 갖는 것이 아니라 교번하므로 평균값을 생각하여야 한다. D와 E가 sin(또는 cos)으로 표현된다면 그의 곱의 평균값 $< \sin^2 x > \; = \; < \cos^2 x > \; = 1/2$.

따라서, 정전에너지밀도 w_E는 식(2-27)과 같이 정의될 수 있다.

$$w_E = \frac{1}{2}DE = \frac{1}{2}\epsilon_0 E^2\,[J/m^3] = \frac{1}{2\epsilon_0}D^2 = \frac{1}{2}\vec{D}\cdot\vec{E}\;[J/m^3] \qquad \text{——— (2-27)}$$

뒤에서 다루게 될 정자계의 경우, 동일한 전개를 통해 자계, 자속밀도 및 자계에너지밀도를 정의하게 된다.

표 2.1 정전계, 정자계 물리량의 비교

물리량	정전계		정자계	
	심볼	단위	심볼	단위
Force	$\vec{F}$	$[N]$	$\vec{F}$	$[N]$
Field	전계 $\vec{E}$	$[V/m]$	자계 $\vec{H}$	$[A/m]$
Flux density	전속밀도 $\vec{D}$	$[C/m^2]$	자속밀도 $\vec{B}$	$[Wb/m^2]$
Energy density	$w_E = \frac{1}{2}\vec{D}\cdot\vec{E}$	$[J/m^3]$	$w_H = \frac{1}{2}\vec{B}\cdot\vec{H}$	$[J/m^3]$
Charge	전하량 q	$[C]$	자하량 m	$[Wb]$
유전율, 투자율	유전율 $\epsilon = \epsilon_r\epsilon_0$	$[F/m]$	투자율 $\mu = \mu_r\mu_0$	$[H/m]$

전체 전계 공간에 저장되는 총 정전에너지는 식(2-28)로 주어진다.

$$W_E = \int_v \frac{1}{2}\vec{D}\cdot\vec{E}\,dv = \frac{1}{2}\int_v \epsilon_0 E^2 dv\;\;[J] \qquad \text{——— (2-28)}$$

자계내에 저장되는 체적당 정자에너지(magnetostatic energy) 밀도

$$w_H = \frac{1}{2}BH = \frac{1}{2}\mu_0 H^2 [J/m^3] = \frac{1}{2\mu_0}B^2 = \frac{1}{2}\vec{B}\cdot\vec{H}$$

여기서, H는 자계(magnetic field), B는 자속밀도(magnetic flux density)이다.

그림 2.8과 같은 공기로 채워진 평행판 커패시터(도체판)에 대해 저장되는 정전에너지를 구해 보자. 평행판 간격(l)에 비하여 면적(S)이 상대적으로 매우 큰 경우(즉, $l \ll S$)는 무한 평행판 커패시터로 근사된다. 양 평행판 내에 전하 $Q=\pm\rho_s S$이다.

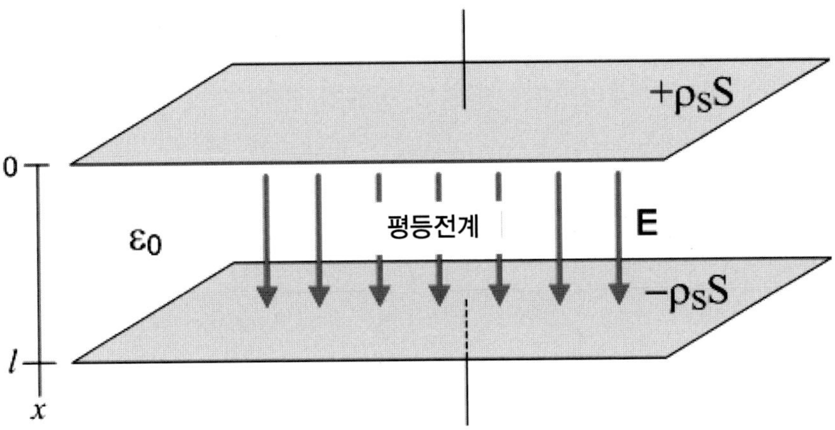

그림 2.8 평행판 커패시터내에 형성되는 평등전계와 정전에너지

그림 2.8과 같이 평행판 커패시터 내에는 평등전계가 형성되며 따라서 공간내에 저장되는 총 정전에너지는 식(2-29)와 같다.

$$\vec{E} = \frac{\rho_S}{\epsilon_0}n\,,\ \vec{D} = \epsilon_0\vec{E},\ \ V = -\int_l^0 \vec{E}\cdot d\vec{l} = El$$

$$\therefore\ W_E = \frac{1}{2}\int_v \epsilon_0 E^2 dv = \frac{1}{2}\int_0^S\int_0^l \epsilon_0 (\frac{\rho_S}{\epsilon_0})^2 dx dS = \frac{1}{2}\frac{\rho_S^2}{\epsilon_0}lS = \frac{1}{2}(\frac{\rho_S}{\epsilon_0})\rho_S lS$$

$$= \frac{1}{2}El\,(\rho_S S)$$

$$W_E = \frac{1}{2}VQ\,[J] \qquad \text{——— (2-29)}$$

연습문제

❶ 자유공간의 영역에 대해 구좌표 $2 < r < 3[mm]$, $0 < \theta, \phi < \pi/2$에 (a) $\frac{200}{r}[V]$, (b) $\frac{300\cos\theta}{r^2}[V]$가 각각 주어진 경우, 축적되는 정전에너지를 구하라. 〈Ans〉 (a) 1.391 [pJ], (b) 36.7 [J]

❷ $< \sin^2\theta > = < \cos^2\theta > = \frac{1}{2}$임을 보여라.

〈hint〉 $< \sin^2\theta > = \frac{\int_0^T \sin^2\theta \, dt}{T}$

2.6 Laplace 및 Poisson 방정식

지금까지 전하계로부터 전계를 구하는 방법을 기술했다. 점 전하계 ⇨ Coulomb 법칙, 대칭 전하계 ⇨ Gauss 법칙을 이용해서 구하는 것이 용이하다. 전하 분포가 주어질 경우의 전계는 Laplace, Poisson 방정식을 이용하여 구하는 것이 용이하다.

즉, 복잡 전하 분포계 ⇨ 미분방정식(Poisson 방정식) ⇨ 전위함수 ⇨ 전계유도.

분포전하에 의한 전위관계식 $\begin{cases} div\ \vec{E} = \nabla \cdot \vec{E} = \frac{\rho}{\epsilon_0} \\ \vec{E} = -\nabla \cdot V = -grad\, V \end{cases}$

$$\nabla \cdot \vec{E} = \nabla \cdot (-\nabla V) = -(\nabla \cdot \nabla)V = -\nabla^2 V = \frac{\rho}{\epsilon_0}$$

$$\therefore \nabla^2 V = -\frac{\rho}{\epsilon_0} \quad : \text{Poisson 방정식(전하분포 존재)}$$

여기서, V가 (x,y,z) 함수인 경우: $\nabla \cdot \nabla = \nabla^2 = (\frac{\partial^2}{\partial x^2} + \frac{\partial^2}{\partial y^2} + \frac{\partial^2}{\partial z^2})$이 된다.

고찰 점에 전하가 없는 경우(전하 분포 밖)의 전위 $\therefore \nabla^2 V = 0$ (Laplace 방정식)을 이용하여 구한다. Possion, Laplace 방정식을 이용하여 전위, 전계를 구하는 몇 가지 예를 살펴보자.

가. 계산의 예

(1) 면적 S인 두 평행판 도체가 d 만큼 거리를 두고 분포(단, S>>d)한 경우의 내부의 임의의 점 P의 전위 및 전계를 구하자.

: V는 x만의 함수, P점의 미분 방정식(고찰점 전하 없음)

$$\nabla^2 V = 0,\ \frac{d^2 V}{dx^2} = 0$$

: 일반해 V = Ax + B [V]

경계조건 x = 0 ⇨ V = 0, x = d ⇨ V = V_0

B = 0, A = V_0/d

$$\therefore\ V(x) = \frac{V_0}{d}x\ [\mathrm{V}]$$

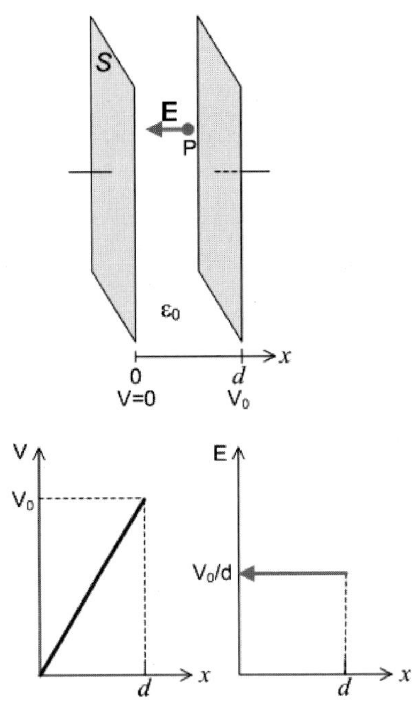

$$\therefore \overrightarrow{E} = -\nabla V = -\frac{\partial V}{\partial x}i = -\frac{V_0}{d}i\left[\frac{V}{m}\right]$$

즉, $\overrightarrow{E}$는 거리(전위)와 무관하게 일정하므로 어느 점에서나 동일한 평등전계를 가지며, $\overrightarrow{E}$는 d 에서 0로 향한다.

$$\overrightarrow{D} = -\frac{\epsilon_0 V_0}{d} i$$

$$\therefore\ Q = \int_S \overrightarrow{D} \cdot d\overrightarrow{S} = \int_S -\frac{\epsilon_0 V_0}{d} dS = V_0 \frac{\epsilon_0 S}{d}\ \text{(부호제거)}$$

여기서, 공기 평행판 커패시턴스(capacitance)는 $C_0 = \epsilon_0 \dfrac{S}{d}$이다.

(2) 전계 ⇨ 전하밀도분포

$\overrightarrow{E} = (3x^2 + 12x)i$ 로 주어질 때 전하 밀도 ρ함수를 구하자.

$$\overrightarrow{E} = -\nabla V = -\frac{\partial V}{\partial x} i$$

$$\therefore \frac{\partial V}{\partial x} = \frac{dV}{dx} = -(3x^2 + 12x)$$

$$\therefore\ V = -(x^3 + 6x^2) + C$$

(i) ρ가 없는 곳은?

$$\nabla^2 V = 0 \rightarrow \frac{d^2(-(x^3+6x^2)+C)}{dx^2} = 0$$

$$\therefore -(6x+12) = 0 \quad \therefore x = -2$$

(ii) ρ가 존재하는 곳은?

$\nabla^2 V = \dfrac{-\rho}{\epsilon_0}$ 를 만족

$$\frac{d^2 V}{dx^2} = \frac{-\rho}{\epsilon_0} \rightarrow -(6x+12) = -\frac{\rho}{\epsilon_0}$$

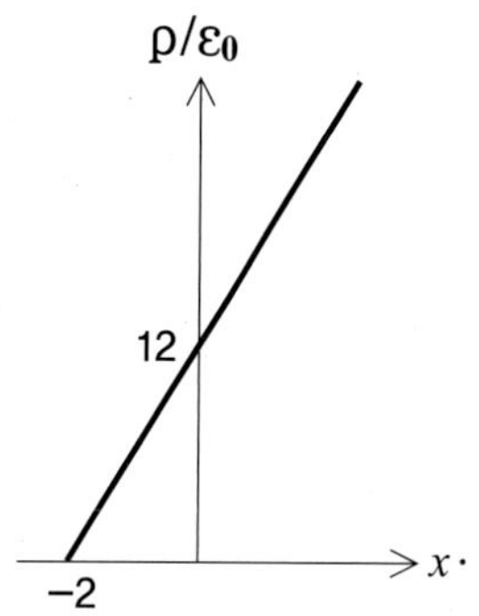

즉, ρ는 $(6x+12)\epsilon_0$의 분포를 한다. (x=−2 평면 제외)

(3) $\overrightarrow{E} = x^2 i + 2yj + f(x)zk$ 로 표시되는 전계에서 전하가 존재하지 않는 곳의 전계를 표시하고자 한다. 함수 $f(x)$의 표현식을 구하자.

$$\text{Laplace 방정식 } \nabla^2 V = 0$$

$$\overrightarrow{E} = -\nabla V = -\left(\frac{\partial V}{\partial x} i + \frac{\partial V}{\partial y} j + \frac{\partial V}{\partial z} k\right)$$

$$\nabla \cdot \overrightarrow{E} = 0 \rightarrow 2x + 2 + f(x) = 0$$
$$\therefore f(x) = -2(x+1)$$

즉, 전하가 없는 곳에서 전계의 발산은 zero(전계는 연속이다)가 된다.

(4) ϵ_0 공간에서, $V = x^2yz$가 주어진 경우, 전하 밀도를 구하자.

$$\nabla^2 V = -\frac{\rho}{\epsilon_0} \Rightarrow 2yz = -\frac{\rho}{\epsilon_0}$$
$$\therefore \rho = -2\epsilon_0 yz$$

(5) V가 x, y 의 함수로 주어질 때는 "대차법" 등을 적용하여 전하분포를 얻을 수 있다.

나. 반복법에 의한 V-Mapping 방법

전계의 세기는 미분연산자를 이용하여 전위의 기울기(gradient)로부터 얻을 수 있다. 전계에 유전율을 곱하여 전속밀도를 얻으며, 전속밀도의 발산(가우스의 미분형)을 통해 내부 체적전하밀도를 얻는다. 즉,

$$\overrightarrow{E} = -\nabla V$$
$$\overrightarrow{D} = \epsilon \overrightarrow{E} \, (\epsilon = \epsilon_0 \ at \ vacuum)$$
$$\nabla \cdot \overrightarrow{D} = \rho$$

한점의 전계의세기, 전하밀도 이외의 다른 정보 예를 들면, 어떤 공간내의 총전하, 축적에너지, 정전용량 등을 구하려면 비교적 복잡한 적분연산을 하여야 한다.

어떤 주어진 공간 내의 전위함수는 정전계에서 우리가 적분해야할 양을 빠르고 쉽게 얻게 해 준다. 실제 문제에서 주어진 공간에 대해 전하분포가 주어지진 않고 전하분포를 바로 얻는 것은 어렵다. 보통 전하분포 대신에 주어진 공간 상 경계에서의 전위차 값이 주어진다.

따라서 전위분포를 구함으로 이로부터 공간 전하분포를 얻는 것이 일반적이다. 경계조건이 매우 복잡한 경우 통상적으로 라플라스, Poisson 방정식을 이용하여 전하분포를 얻는다.

여기에서는 공간 전위함수를 구하는 실험적인 방법 중에서 유용하게 이용되고 있는 반복법(iteration method)에 대하여 설명한다.

반복법(iteration method)

어떤 영역의 경계상의 전위가 미리 정해져있고, 한 방향에 대해 전위의 변화가 없는 2차원 전위분포를 갖는 특수한 전위문제는 반복적인 계산을 통해서 이를 구할 수 있다.

그림 2.9에서 전위 V_o의 근사치는 인접한 4개의 평균값과 같다. 여기서는 z축 방향에 대한 변화가 없는 2차원의 문제이므로 V_0, V_1, V_2, V_3, V_4 사이의 영역에 전하가 없고 균일한 유전체로 채워져 있다고 가정하면, 식 (2-30)과 같다.

$$\frac{\partial E_x}{\partial x} + \frac{\partial E_y}{\partial y} = 0 \qquad \text{(2-30)}$$

한편, $E = -grad\,V$이므로 $E_x = -\partial V/\partial x$, $E_y = -\partial V/\partial y$를 대입하면 식(2-31)이 된다.

$$V_0 \sim \frac{1}{4}(V_1 + V_2 + V_3 + V_4) \qquad \text{(2-31)}$$

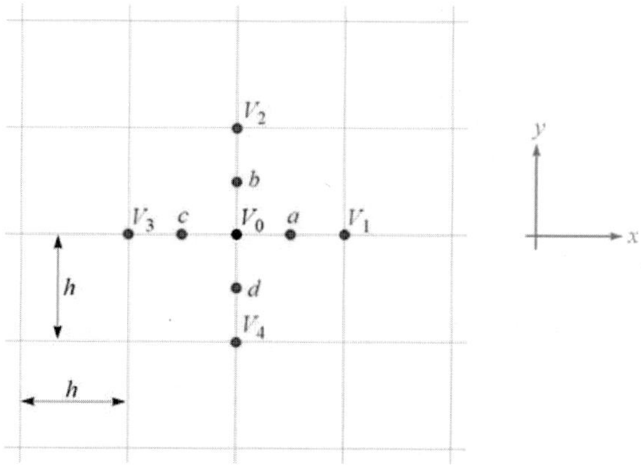

그림 2.9 한 변의 길이가 h인 정방형으로 나누어진 2차원 전위계를 갖는 영역의 일부분

다음은 이런 방법으로 구해진 상면의 전위가 100V 이고 측면, 아랫면의 전위가 0인 단면의 전위 추정 값을 정한 후 반복법을 통해 전위의 값을 구한 것이다.

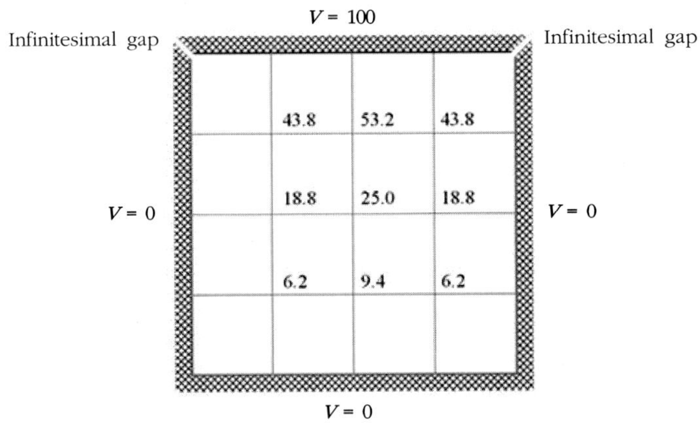

그림 2.10 측면 및 아랫면의 전위가 0, 상면의 전위가 100V인 정방형통의 단면

그림 2.10에서 보는 바와 같이, 단면을 16개의 정방형으로 나누고 각 정점의 전위의 추정 값을 정한 다음, 반복법을 적용하여 정확한 전위 값을 구한다. 예를 들어 이 정방형의 중심에 해당하는 전위는 25V인데 이것은 각 변의 중심에 해당하는 값을 더한 후에 1/4배 해 주어 얻어진 것이다. 즉, $V_0 \sim 1/4 \times (0 + 100 + 0 + 0)$ 이다.

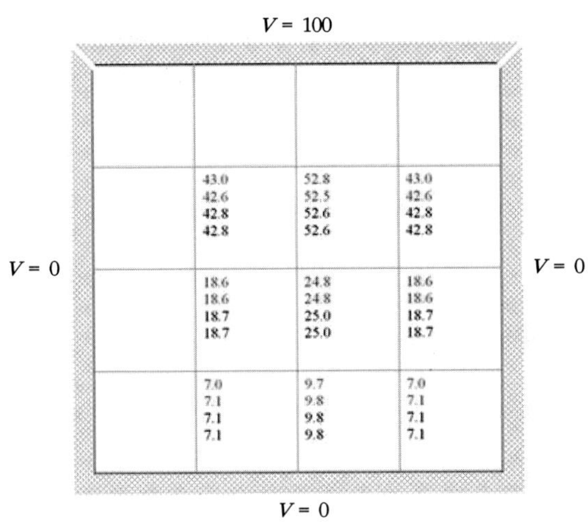

그림 2.11 그림 2.10의 문제에 대한 4차례의 추정 과정에서 얻어진 결과

그림 2.11은 그림 2.10의 문제에 대한 4차례의 추정 과정의 각 과정에서 얻어진 결과를 순서대로 나타내고 있다. 이때 마지막(4번째)의 수정 값은 그 전의 수정 값과 같음을 알 수 있다. 그림 2.11은 계산을 통해서 점점 그 오차를 줄여 나가는 것을 보여주고 있으며 이런 계산은 컴퓨터를 이용하므로 쉽게 할 수 있다.

[제3장]

도체계와 정전용량

여러 종류의 도체(conductor)가 공간을 형성하는 도체계에서 도체의 전하 및 전위는 상호작용을 한다. 도체란 많은 자유전자를 내포하고 있어서 전하이동이 자유로운 금속과 같은 물체를 말한다.

3.1 도체계의 특성

정전 도체계에 대한 기본 정리 :

(1) 도체표면은 등전위면: 도체표면 및 내부의 전위는 동일

(2) 도체내부 전계의 세기는 0

(3) 전하는 도체표면에만 존재

(4) 도체표면의 전계는 항상 표면에 수직이고, 도체표면 바로 앞에서 $E = \rho_S / \epsilon_0$. 만약 표면에 주어진 전하의 총합이 0이면 전계 및 도체에 출입하는 전력선수 역시 0

(5) 도체표면의 전하밀도 크기는 표면곡률에 비례

(6) 전계 내에 도체가 놓이면 도체내부의 전계가 0이 되도록 정전유도가 발생

(7) 도체계의 각 도체에 전하가 주어지면 각 도체의 전위분포 상태는 한 가지 경우만 존재하며, 반대로 도체계에서 각 도체가 일정 전위를 가지면 각 도체의 전하분포 상태는 한 가지 경우만 존재

(8) 전위와 전하분포는 중첩의 원리(principle of superposition)가 성립

(1) 도체표면 및 내부의 전위는 동일하며 도체표면은 등전위면이다.

도체는 많은 자유전자가 쉽게 이동할 수 있으므로 만약 임의의 두 점에 전위차가 생긴다면 순간적으로 전하의 이동이 발생하여 두 점의 전위차를 없게 하고 평형상태에 도달한다. 실제 10^{-19}초 정도의 평형도달시간을 갖는 도체라면 표면이나 내부의 도체는 항상 같다고 할 수 있다. 동시에 도체의 표면은 등전위면으로 고려할 수 있다.

(2) 도체내부 전계는 0이다.

도체표면이나 내부의 전위는 동일하므로 전위경도 관계식($\overrightarrow{E}=-\nabla V$)으로부터 도체내부의 전계는 0이 된다.

(3) 전하는 도체표면에만 존재한다.

도체내부에 가우스법칙을 도입하자. 도체내부에 한 개의 가우스 폐곡면을 세우면 도체내부의 전계는 0($E=0$)이므로 폐곡면 내부의 전하 역시 0이 된다. 이것은 도체내부 폐곡면에 대해서는 항상 성립하므로 도체 내부에는 전하가 존재하지 않음을 알 수 있다. 하지만 도체는 분명히 대전시킬 수 있으므로 대전된 전하는 모두 표면에만 존재해야 한다. 다른 표현으로 전하의 유출입이 없는 도체를 생각하자. 내부에 분포된 자유전자는 상호 반발하게 되어 표면에 균일 분포하는 것으로 볼 수 있다.

(4) 도체표면의 전계는 항상 표면에 수직이고, 도체표면 바로 앞에서 $E=\rho_S/\epsilon_0$이다. 또한, 만약 도체표면에 주어진 전하의 총합이 0이면 전계 및 도체에 출입하는 전력선수 역시 0이어야 한다.

만약 도체표면에서 전계의 접선성분이 존재한다면 도체는 극히 짧은 평형도달시간 이내에 평형을 찾게 되어 접선성분은 0이 된다. 따라서 금속표면에는 법선성분의 전계만이 존재한다. 또한 표면전하밀도 ρ_S인 도체표면에 미소면적 ΔS의 원통의 가우스 면을 세우고 가우스법칙을 적용하면 $E\Delta S=\rho_S\Delta S/\epsilon_0$이 된다. 따라서 도체 표면 부근에서의 전계는

$$\overrightarrow{E}=\frac{\rho_S}{\epsilon_0}n$$

으로 표현된다.

(5) 도체표면의 전하밀도 크기는 표면곡률에 비례한다.

고립도체구의 전하량 Q는 일차적으로 도체구의 전위 V에 비례하며 비례계수 정전용량 $C = 4\pi\epsilon_0 R$이 된다. 왜냐하면, $Q = CV$, $V = Q/(4\pi\epsilon_0 R)$. 여기서 R은 도체구의 반경이다. 다음 그림과 같이 반경 $a, b(a < b)$인 두 도체구를 연결하여 전위 V를 유지하도록 하였다면 이때 A구 및 B구에 대해 다음 식들이 성립한다.

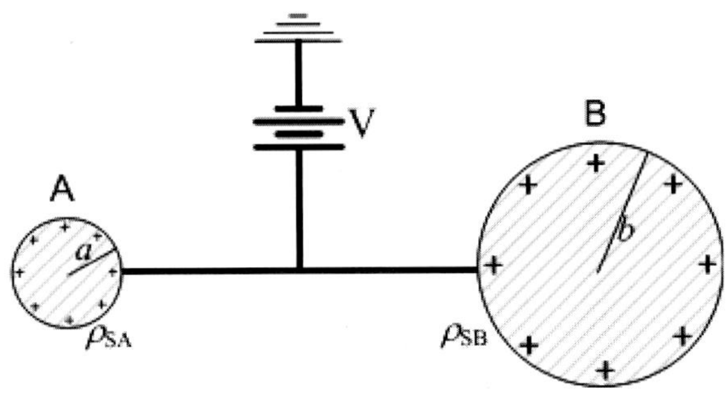

$$\text{A구 : } Q_A = C_A V\,;\, 4\pi a^2 \rho_{SA} = 4\pi\epsilon_0 a V\,;\, \rho_{SA} = \frac{\epsilon_0}{a} V$$

$$\text{B구 : } Q_B = C_B V\,;\, 4\pi b^2 \rho_{SB} = 4\pi\epsilon_0 b V\,;\, \rho_{SB} = \frac{\epsilon_0}{b} V$$

여기서 전위는 동일하므로 $a\rho_{SA} = b\rho_{SB}$가 성립한다. 즉, 곡률이 큰(곡률반경 a가 작은) A구의 전하밀도가 B구의 전하밀도보다 크다. $a < b \Rightarrow \rho_{SA} > \rho_{SB}$.

(6) 전계 내에 도체가 놓이면 도체내부의 전계가 0이 되도록 정전유도가 발생한다.

만일 도체가 전계 내에 놓인다면 도체 내의 전하가 이동하여 외부 전계에 대하여 반대방향으로 유도 전계가 발생한다. 이 도체 내부의 유도전계는 외부전계와 크기는 같고 방향은 반대이다. 따라서 도체 내부에서의 전계는 0이 된다. 다시 말해 도체가 전계 내에 놓이면 도체 내부의 전계가 0이 되도록 전하가 이동하는 현상인 정전유도현상이 일어난다.

3.2 전위계수와 용량계수

가. 전위계수(potential coefficient)

$$V \propto Q \rightarrow V = PQ \;:\; P = \frac{V}{Q}\left[\frac{V}{C} = \frac{1}{F}\right]$$

도체 1, 2, 3 ……n의 도체계를 생각하자.

(각 도체의 전하량 $Q_1, Q_2, Q_3 \cdots\cdots Q_n$이 주어진 경우)

$$\begin{bmatrix} V_1 = P_{11}Q_1 + P_{12}Q_2 \cdots\cdots P_{1n}Q_n \\ \bullet\;\bullet\;\bullet\;\bullet\;\bullet\;\bullet\;\bullet\;\bullet\;\bullet\;\bullet\;\bullet\;\bullet\;\bullet \\ V_n = P_{n1}Q_1 + P_{n2}Q_2 \cdots\cdots P_{nn}Q_n \end{bmatrix}$$

"도체계에 대한 전하 · 전위 일반관계식"

P_{sr} : r도체에 의한 s도체가 받는 영향 (전위계수)

$$\text{즉, } V_s = \sum_{s=1}^{n}\sum_{r=1}^{n} P_{sr}\,Q_r \;[V] \qquad \text{——— (3-1)}$$

다음과 같은 동심구도체(내부도체 반경 a, 외부도체 내반경 b, 외반경 c)를 생각하자(내구1, 외구2).

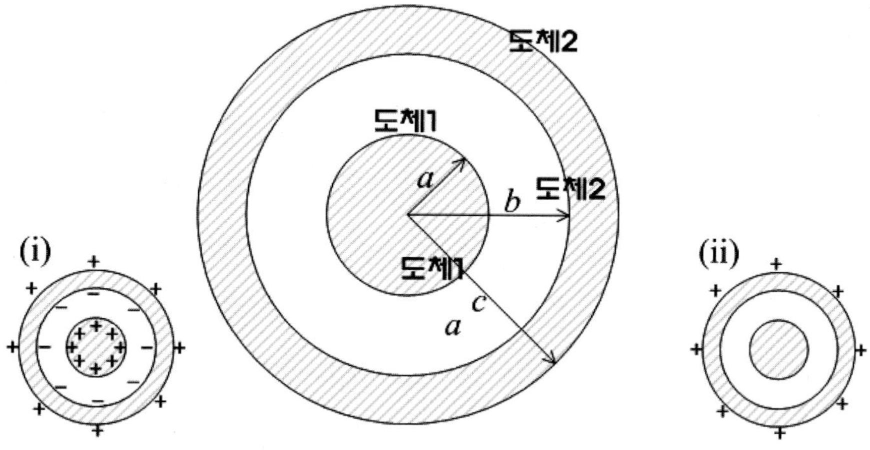

그림 3.1 동심 도체구. (i)는 내부도체 1에 +Q, (ii)는 외부도체 2에 +Q가 인가된 경우

$$V_1 = P_{11}Q_1 + P_{12}Q_2\,,\quad V_2 = P_{21}Q_1 + P_{22}Q_2$$

(i) $Q_1 = 1[C]$, $Q_2 = 0$가 인가된 경우;

$$\Rightarrow\ V_1 = \frac{Q_1}{4\pi\epsilon_0}\left(\frac{1}{a} - \frac{1}{b} + \frac{1}{c}\right),\quad P_{11} = \frac{V_1}{Q_1} = \frac{1}{4\pi\epsilon_0}\left(\frac{1}{a} - \frac{1}{b} + \frac{1}{c}\right)$$

$$\Rightarrow\ V_2 = \frac{Q_1}{4\pi\,\epsilon_0}\left(\frac{1}{c}\right),\qquad P_{21} = \frac{V_2}{Q_1} = \frac{1}{4\pi\,\epsilon_0\,c}$$

∴ P는 전하나 전위에 무관하며, 도체계의 구조와 매질에 의존한다!

(ii) $Q_1 = 0$, $Q_2 = 1[C]$가 인가된 경우;

$$\Rightarrow\ V_2 = P_{22}Q_2 = \frac{Q_2}{4\pi\,\epsilon_0\,c}$$ (∵ 도체2 표면으로 모이므로...),

$$P_{22} = \frac{V_2}{Q_2} = \frac{1}{4\pi\,\epsilon_0\,c}$$

내부에는 E=0 ⇨ 두 도체는 등전위가 된다.

$$\Rightarrow\ \therefore\ V_1 = V_2 = \frac{Q_2}{4\pi\,\epsilon_0\,c},\qquad P_{12} = \frac{V_1}{Q_2} = \frac{1}{4\pi\,\epsilon_0\,c}$$

즉, $P_{22} = P_{12}$: 2도체가 1도체를 포위하는 경우

나. 용량계수와 유도계수

$$Q \propto V \rightarrow Q = qV \rightarrow q = \frac{Q}{V}\left[\frac{C}{V} = F\right]$$

도체 1, 2, 3 ······n의 도체계를 생각하자.

(각 도체의 전위 $V_1, V_2, V_3 \cdots\cdots V_n$ 주어진 경우)

$$\begin{bmatrix} Q_1 = q_{11}V_1 + q_{12}V_2 \cdots\cdots q_{1n}V_n \\ Q_2 = q_{21}V_1 + q_{22}V_2 \cdots\cdots q_{2n}V_n \\ \bullet\ \bullet\ \bullet\ \bullet\ \bullet\ \bullet\ \bullet\ \bullet\ \bullet\ \bullet\ \bullet\ \bullet\ \bullet \\ Q_n = q_{n1}V_1 + q_{n2}V_2 \cdots\cdots q_{nn}V_n \end{bmatrix} \qquad \text{———— (3-2)}$$

여기서, $q_{11}, q_{22} \ldots\ldots q_{nn}$ 는 도체자신의 전위에 대하여 도체 자신이 가지게 되는 전하를 규정하는 비례상수로 이를 정전용량계수라 한다. ⇨ 1V를 갖기 위해 필요한 전하량. 또한, $q_{12} \ldots\ldots\ldots$ 는 다른 도체의 전위에 의해 가지게 되는 전하를 규정하는 비례상수로 이를 정전유도계수라 한다. 즉, q_{21}, $q_{31}, \cdots\cdots$ 도체 1에 의해 다른 도체에 유도되는 전하를 표시한다.

정전유도계수의 특성 : 도체 1을 +1[V]로 하고 다른 도체 0[V]로 하면 1이외의 다른 도체는 부전하만 나타난다. 즉,

$$q_{21}, q_{31} \cdots\cdots < 0 \text{ (일반 유도계수 〈 0)}$$

⇨ 전력선은 도체 1로부터 나오는 것뿐이다.

$$q_{11} > 0 \text{ (일반 용량계수 〉 0)}$$

그러나, 1로부터 나오는 전력선은 다른 도체에서 끝나거나 무한거리로 향한다.

$$\therefore\ q_{11} \geqq -(q_{21} + q_{31} + \ldots\ldots\ q_{n1}),\ q_{11} + q_{21} + q_{31} + \cdots\cdots\ \geqq\ 0$$

3.3 정전차폐

도체 A의 전하에 의한 도체 B의 전위 변화는 다음 그림으로 설명된다.

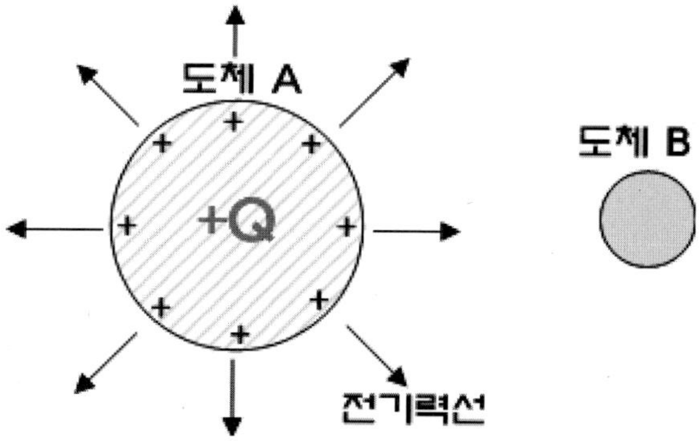

또한, 도체 A의 전하(+Q)에 의한 도체 C의 내, 외부표면에 −Q, +Q가 각각 유도되고, 따라서 외부도체 B의 전위가 변화됨을 알 수 있다.

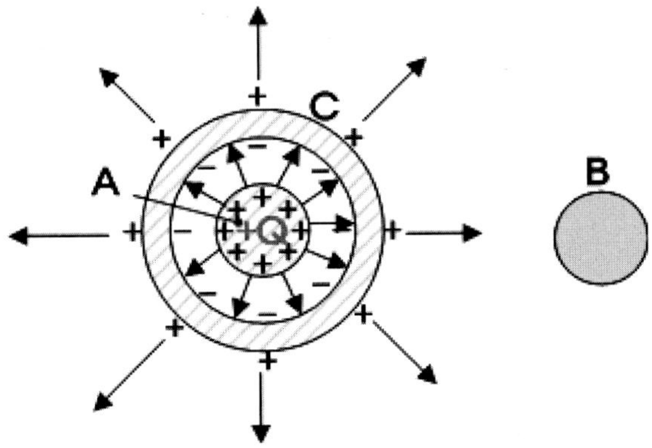

C를 접지하는 경우는 전하는 대지로 흡수되어 C의 표면전위는 0이 되므로 외부 도체 B는 영향을 받지 않음(반대도 성립)을 알 수 있다.

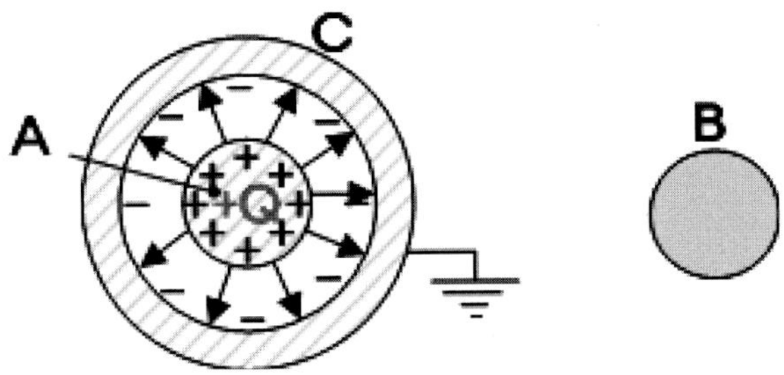

즉, C의 접지로 인해 A, B 상호간에 전기적 영향이 없다. 이것을 정전차폐(electrostatic shielding)라 한다.

3.4 정전용량

식(3-2)의 q_{rr}을 r도체의 정전용량(electrostatic capacity)이라 한다. 이것은 다른 도체의 전위는 0으로 하고, 자신을 단위전위로 하기위해 요구되는 전하량(1V에 대한 대전 전기량)과 같다.

※ 큰 정전용량 → 미세 전압변동에 대한 큰 전기량변화(축전기 응용면), 큰 전하량변화에 대한 작은 전압변동(접지 응용).

한 도체의 전하가 Q[C]이고 전위가 V[V]일 때의 정전용량은 식(3-3)으로 주어진다.

$$C = \frac{Q}{V}\left[\frac{C}{V} = F\right] \qquad \text{——— (3-3)}$$

두 도체 A, B가 근접되어 있고 각 도체의 전하량이 $\pm Q\,[C]$, 각 도체의 전위가 V_A, V_B 일 때, 도체 간 정전용량은 식(3-4)와 같다.

$$C = \frac{Q}{V_A - V_B}\,[F] \qquad \text{——— (3-4)}$$

가. 동심구 도체의 정전용량

$$C = \frac{Q}{V} \;\rightarrow\; \frac{\Delta Q}{\Delta V} \quad : \Delta V\text{에 대한 } \Delta Q$$

다음 그림과 같이 반경 a인 도체구(내반경 b, 외반경 c인 외부 도체구가 존재)에 대해 내부 도체에 +Q[C]가 인가된 경우를 고려하자.

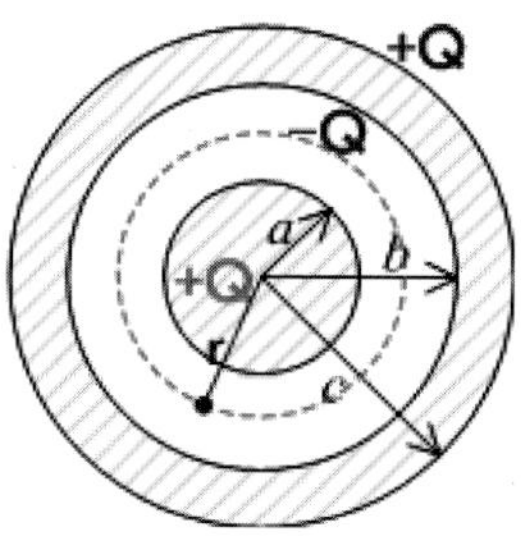

(i) 두 도체 사이 $(a < r < b)$의 전계 $\vec{E}$:

(임의의 가우스면 설정)

$$\oint_S \vec{E} \cdot d\vec{S} = \frac{Q}{\epsilon_0}$$

$$\vec{E} = \frac{Q}{4\pi\epsilon_0 r^2} a_r \qquad \text{——— (3-5)}$$

(ii) 두 도체사이의 전위차 :

$$V_{AB} = -\int_b^a \frac{Q}{4\pi\epsilon_0 r^2} dr = -\left(-\frac{Q}{4\pi\epsilon_0 r}\right)_b^a$$

$$= \frac{Q}{4\pi\epsilon_0}\left(\frac{1}{a} - \frac{1}{b}\right)[V] \qquad \text{——— (3-6)}$$

(iii) 두 도체 사이의 정전용량 :

$$C = \frac{Q}{V_{AB}} = \frac{4\pi\epsilon_0}{\frac{1}{a} - \frac{1}{b}}[F] \qquad \text{——— (3-7)}$$

예제

$a = 1m$, $b = 2m$인 동심구 도체사이의 정전용량 C를 구하라.

$$C = \frac{4\pi\epsilon_0}{1 - 0.5}, \qquad \therefore\ C = 2(4\pi\epsilon_0) = 8\pi\epsilon_0$$

반지름 a인 도체구만 존재 (즉, $b = \infty$) : 식(3-7)로부터

$$C = 4\pi\epsilon_0 a = \frac{a}{9 \times 10^9}[F] \qquad \text{——— (3-8)}$$

이 된다. 따라서, 공기 중에 놓인 구도체를 가지고 $1[F]$의 정전용량을 얻기 위해서는 9×10^9[m]의 반경이 필요하다.

예제

지구의 정전용량을 구하라.(지구의 반경 $a \sim 6366[km]$)

$$C = \frac{6366 \cdot 10^3}{9 \cdot 10^9} = 707[\mu F]$$

이것은 매우 큰 값임. $C = \Delta Q / \Delta V$이므로 전하의 변동(ΔQ 변동)에 대해 전압변동이 매우 작다는 것을 의미. (접지)

예제

동심구도체의 내외 반경 a, b에 대해 각각의 크기를 5배로 증가시키면 정전용량의 변화는 얼마인가.

$$C = \frac{4\pi\epsilon_0}{\left(\frac{1}{5a} - \frac{1}{5b}\right)} = 5\left[\frac{4\pi\epsilon_0}{\left(\frac{1}{a} - \frac{1}{b}\right)}\right]$$

즉, a, b를 각각 5배로 증가시키는 경우 용량은 5배가 된다.

연습문제

❶ 진공 중에 있는 내구 및 외구의 반경이 각각 $a = 10[cm], b = 15[cm]$인 동심 구형 커패시터의 정전용량은? 〈Ans〉 $33.4\ [pF]$

❷ 반지름 $2.5[mm]$의 도체구가 두께 $2[mm]$의 폴리에틸렌(비유전율은 2.26) 층으로 덮여있고 이것이 반경 $4.5[mm]$의 도체 구 곽에 의해 둘러싸여 있는 경우의 정전용량은? 〈Ans〉 $1.414[pF]$

나. 동축원통도체(동축 케이블)

다음 그림과 같이 내부도체 반경 a, 외부도체 반경 b 인 동축원통을 고려하자. 내부, 외부에 각각 균일 선전하 $\pm\rho_L$ 분포되어 있다.

(i) 원통사이의 전계 $\overrightarrow{E}(a< r< b)$:

$$\oint_S \overrightarrow{E} \cdot d\overrightarrow{S} = \frac{Q}{\epsilon_0}$$

$$(2\pi r L)E = L\frac{\rho_L}{\epsilon_0}$$

$$\overrightarrow{E} = \frac{\rho_L}{2\pi\epsilon_0 r}a_r \left[\frac{V}{m}\right] \qquad \text{——— (3-9)}$$

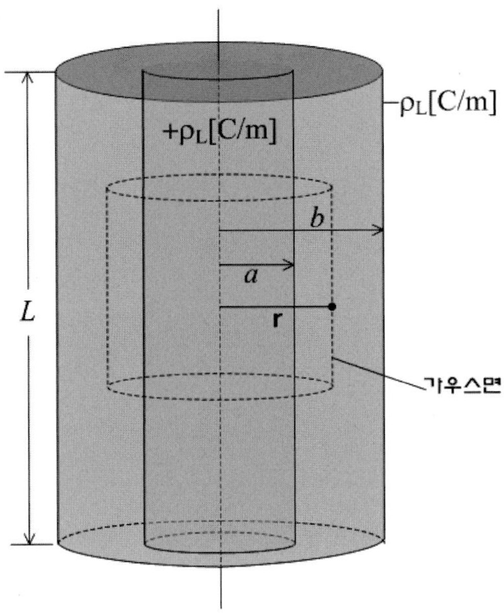

(ii) 원통사이의 전위차 V_{AB} :

$$V_{AB} = -\int_b^a \frac{\rho_L}{2\pi\epsilon_0 r}dr$$

$$= -\left[\frac{\rho_L}{2\pi\epsilon_0}\ln r\right]_b^a$$

$$\therefore\ V_{AB} = \frac{\rho_L}{2\pi\epsilon_0}\ln\frac{b}{a}\ [V] \qquad \text{——— (3-10)}$$

(iii) 원통사이의 정전용량 C :

$$C = \frac{\rho_L L}{V_{AB}} = \frac{2\pi\epsilon_0 L}{\ln\left(\frac{b}{a}\right)}\ [F] \qquad \text{——— (3-11)}$$

$$C_0 = \frac{C}{L} = \frac{2\pi\epsilon_0}{\ln\left(\frac{b}{a}\right)}\ [F/m]$$ (C_0 : 단위길이당 정전용량)

예제

반경 a, b를 각각 5배 증가 시 동축케이블의 용량은 어떠한가.

불변!!

연습문제

❶ 진공 중에 반경 2[mm]인 무한길이 직선 원통에 대해 원통의 중심으로부터 거리 1[m]인 지점에서의 전계의 세기는 얼마인가? (단, 선전하밀도 $\rho_L = 10^{-6}[C/m]$)

〈Ans〉 18,000 $[V/m]$

❷ 길이 1[m]인 동축원통(원통의 반경, $a=1[m], b=2[m], c=3[m]$)이고 각 원통에 대해 선전하밀도가 $\rho_a = 5[C/m], \rho_b = -2[C/m]$일 때 원통바깥이 차폐(전계 0)가 되려면 ρ_c는 얼마로 주어져야 하는가?

〈Ans〉 $\rho_c = -3[C/m]$

❸ 내부도체의 직경이 $0.1045[inch]$ 외부도체의 내직경이 $0.680[inch]$이고 도체사이의 유전체가 폴리에틸렌(표 4.1참조, 비유전율 2.26)인 길이 1피트의 35 B/U 동축케이블의 정전용량은?

〈Ans〉 20.5 $[pF]$

다. 평행 평면도체(평행판 커패시터)

다음 그림과 같은 간격 d, 면적 S (단, $S \gg d$)인 면전하밀도 $\pm \rho_S [C/m^2]$가 분포되어진 평행판 커패시터를 고려하자.

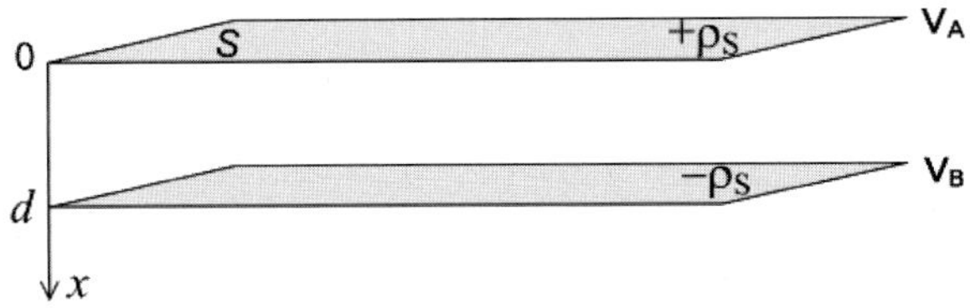

(i) 평등전계 $\vec{E}$: 가우스면 설정

$$\oint_S \vec{E} \cdot d\vec{S} = \frac{Q}{\epsilon_0}$$

$$SE = \frac{\rho_s s}{\epsilon_0}$$

$$\vec{E} = \frac{\rho_S}{\epsilon_0} i \left[\frac{V}{m}\right] \qquad \text{—— (3-12)}$$

(ii) AB 전위차 :

$$V_{AB} = -\int_d^0 \frac{\rho_S}{\epsilon_0}\, dx = \frac{\rho_S}{\epsilon_0} d\,[V] \qquad \text{—— (3-13)}$$

$$\therefore\ V_{AB} = E\,d$$

(iii) 도체간 용량 $\quad C = \dfrac{\rho_S S}{V_{AB}} = \epsilon_0 \dfrac{S}{d}\,[F]$

단위 면적당 용량

$$C_0 = \frac{C}{S} = \frac{\epsilon_0}{d}\left[\frac{F}{m^2}\right] \qquad \text{—— (3-14)}$$

물론 공기가 아닌 유전체로 채워진 커패시터의 경우 도체간 용량은

$$C = \frac{Q}{V_{AB}} = \epsilon \frac{S}{d} \, [F]$$

이다.

참고

평행판 커패시터의 Capacitance C를 증가시키기 위한 방안 :

(i) 면적 S를 증가 – 비 효율적(∵ 소형화를 위해)

(ii) 두께 d를 감소 (~$2\mu m$ 두께의 박막이용)

(iii) Al_2O_3, $BaTiO_3$, TiO_2 등의 유전율이 큰 물질 이용

예제

두 극판 간 전위차 V 인 경우 $\vec{E}$의 크기는 어떻게 표현되는가. 또한 면적 n배, 간격 m배, 비유전율 10인 유전체 사용시, 정전용량의 변화식은?

$|\vec{E}| = E\frac{V}{d}$

정전용량은 $C = 10\epsilon_0 \frac{nS}{md} = \left(10\frac{n}{m}\right)\left(\epsilon_0 \frac{S}{d}\right)$

평행 전극판 사이에 유전율이 서로 다른 유전체가 직렬로 채워진 경우, 정전용량은 두 커패시터 C_1, C_2가 직렬로 연결된 것과 같다. 따라서 전체 정전용량은

$$\frac{1}{C} = \frac{1}{C_1} + \frac{1}{C_2}$$

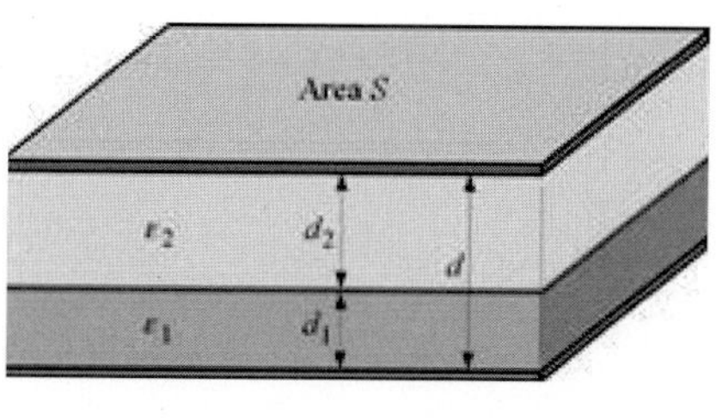

이 되고, 여기에서 $C_1 = \epsilon_1 S/d_1$, $C_2 = \epsilon_2 S/d_2$ 이다. 따라서 정전용량은 다음 식과 같이 표현된다.

$$C = \frac{1}{\frac{1}{C_1} + \frac{1}{C_2}} = \frac{1}{\frac{d_1}{\epsilon_1 S} + \frac{d_2}{\epsilon_2 S}}$$

마지막으로 커패시터에 저장되는 축적 에너지를 고려하자. 식(2-28)에서 고찰한 바와 같이 총에너지 W_E는

$$\therefore\ W_E = \frac{1}{2}\int_v \epsilon_0 E^2 dv = \frac{1}{2}\int_0^S \int_0^l \epsilon_0 (\frac{\rho_S}{\epsilon_0})^2 dx dS = \frac{1}{2}\frac{\rho_S^2}{\epsilon_0} l\, S = \frac{1}{2}(\frac{\rho_S}{\epsilon_0})\rho_S l S$$
$$= \frac{1}{2} El\,(\rho_S S)$$

또는

$$W_E = \frac{1}{2}QV = \frac{1}{2}CV^2 = \frac{1}{2}\frac{Q^2}{C}\ [J]$$

으로 표현된다.

연습문제

❶ 진공 중에 면적 $1[m^2]$, 간격이 $3[mm]$인 평행판 커패시터에 $1000[V]$의 전압이 인가되었다. 평행판 내부 전계 $\vec{E}$와 면전하밀도 ρ_S를 각각 구하라.

〈Ans〉 $|\vec{E}| = 0.333 \times 10^6 [V/m], \rho_S = 2.95 \times 10^{-6} [C/m^2]$

❷ 다음과 같은 경우의 평행 평형커패시터에 사용된 유전체의 비유전율을 정의하라.

(a) $l(=d) = 80[\mu m]$, $S = 0.12[m^2]$, $V_0 = 12[V]$이고 커패시터의 에너지가 $1[\mu J]$

(b) 축적 에너지밀도가 $100[J/m^3]$, $V = 200[V]$, $l = 45[\mu m]$

(c) $E = 200[kV/m]$, $\rho_S = 20[\mu C/m^2]$, $l = 100[\mu m]$ 〈Ans〉 (a) 1.05, (b) 1.144, (c) 11.29

❸ 두변의 길이가 각각 $1[cm]$, $4[cm]$이고 두께가 무시할 수 있을 정도로 얇은 두 개의 직사각형 도체 사이에 두께가 $0.1[mm]$이고 유전율이 각각 1.5, 2.5, 6.0인 도체판과 같은 크기의 유전체판이 있을 경우의 정전용량은? 〈Ans〉 28.7 $[pF]$

라. 평행 원통도선

그림 3.2와 같이 반경 a인 두 도선이 공기 중에서 간격 d로 평행배선, $d \gg a$이고 $\pm \rho_L$의 전하분포, 도선길이 L인 평행 원통도선에서의 전계를 구하자.

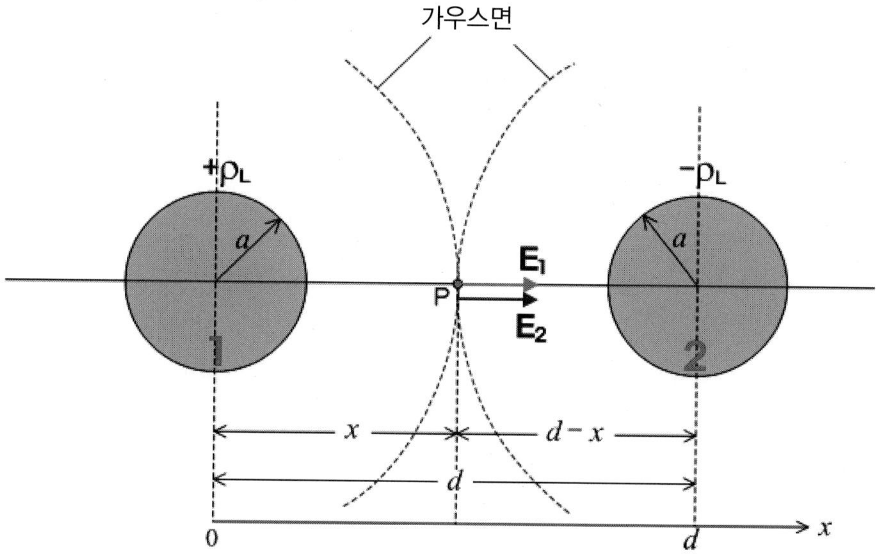

그림 3.2 평행 원통도선에 의한 전계

(i) 도체사이 P점 전계 $\overrightarrow{E}(=\overrightarrow{E_1}+\overrightarrow{E_2})$: P를 교차하는 임의의 가우스면 설정

$$\oint_S \overrightarrow{E_1} \cdot d\vec{S} = \frac{Q}{\epsilon_0} = \frac{\rho_L L}{\epsilon_0}$$

$$(2\pi x L)E_1 = \frac{\rho_L L}{\epsilon_0}$$

$$\therefore \ \overrightarrow{E_1} = \frac{\rho_L}{2\pi\epsilon_0}\frac{1}{x}i$$

$$\oint_S \overrightarrow{E_2} \cdot d\vec{S} = \frac{-Q}{\epsilon_0} = \frac{-\rho_L L}{\epsilon_0}$$

$$2\pi(d-x)\,LE_2 = \frac{\rho_L L}{\epsilon_0}$$

$$\therefore \ \overrightarrow{E_2} = \frac{\rho_L}{2\pi\epsilon_0}\frac{1}{(d-x)}i$$

즉, $\overrightarrow{E_1} = \frac{\rho_L}{2\pi\epsilon_0}\frac{1}{x}i$, $\overrightarrow{E_2} = \frac{\rho_L}{2\pi\epsilon_0}\frac{1}{(d-x)}i$ 이고 총 합성 전계는 식(3-15)와 같다.

$$\therefore \overrightarrow{E} = \frac{\rho_L}{2\pi\epsilon_0}\left(\frac{1}{x} + \frac{1}{(d-x)}\right)i\ [V/m] \qquad \text{(3-15)}$$

(ii) 원통도선 간의 전위

$$V_{12} = -\int_{d-a}^{a} \overrightarrow{E} \bullet \overrightarrow{dx} = \frac{\rho_L}{2\pi\epsilon_0}[\ln x - \ln(d-x)]_{a}^{d-a}$$

$$= \frac{\rho_L}{2\pi\epsilon_0}\left(\ln\frac{d-a}{a} - \ln\frac{a}{d-a}\right) = \frac{\rho_L}{2\pi\epsilon_0}\ln\left(\frac{d-a}{a}\right)^2$$

$$\therefore V_{12} = \frac{\rho_L}{\pi\epsilon_0}\ln\left(\frac{d-a}{a}\right)[V] \qquad \text{(3-16)}$$

(iii) 도체간 정전용량

$$C = \frac{\rho_L L}{V_{12}} = \frac{\pi\epsilon_0 L}{\ln\frac{d-a}{a}}[F]$$

$$(d \gg a\text{에 대하여})\ C = \frac{\pi\epsilon_0 L}{\ln\frac{d}{a}}[F]$$

길이당 정전용량 $C_0 = \frac{C}{L} = \frac{\pi\epsilon_0}{\ln\frac{d-a}{a}}[F/m]$

$$(d \gg a\text{에 대하여})\ C_0 = \frac{\pi\epsilon_0}{\ln\frac{d}{a}}[F/m] \qquad \text{(3-17)}$$

예제

TV antenna : monitor 접속 feeder line은 심선직경 2[mm], 도선간격 12[mm]이다. 1[m]당 정전용량 C_0를 구하라.

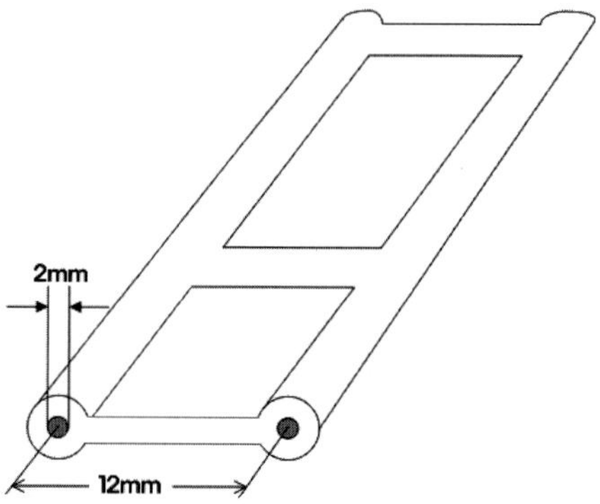

$a=1\,mm$, $d=12\,mm$

$$C_0=\frac{4\pi\epsilon_0}{\ln\frac{12}{1}}\cdot\frac{1}{4}=\frac{1}{2.485}\cdot\frac{1}{4(9.10^9)}$$

$$\therefore\ C_0=11.2\,[pF/m]$$

예제

평행원통도선에서 도선의 직경이 3 mm, 도선의 간격 40 cm, 도선의 길이가 8 km 일 때의 정전용량은 얼마인가.

$C=\dfrac{\pi\epsilon_0 L}{\ln\dfrac{d}{a}}[F]$에서, a=1.5mm, d=40cm, L=8km를 대입하면,

$$C=\frac{\pi\cdot\ 8.854\times10^{-12}\cdot\ 8\times10^3}{\ln\frac{40\times10^{-2}}{1.5\times10^{-3}}}=39.84\,[nF]$$

[제4장]

유전체

절연체 내에는 자유전자는 없는 것으로 고려하지만 물질내부의 원자들은 외부전계를 받음으로써 약간의 변위를 일으켜 분극이 발생되어 전기쌍극자를 형성하므로, 이로 인한 새로운 전계가 발생하게 된다. 이와 같이 절연체 중에서도 내부적으로는 전기작용이 발생(誘電)되므로 절연체를 「유전체」라고 한다.

4.1 유전체와 유전율

일반 공간 전계 관련 문제는 유전상수(유전율, dielectric constant ϵ)를 갖는 유전체를 고려하여 해결할 수 있다. 즉, 공기 중에 놓인 경우의 전계 문제에 ϵ_0 대신에 ϵ으로 수정함으로 동일하게 고려할 수 있다.

$$\epsilon = \epsilon_r \epsilon_0 \qquad \text{——— (4-1)}$$

여기서, ϵ_r (또는 ϵ_s)은 물질의 고유값인 비유전율(relative permittivity 또는 specific dielectric constant)이다. 표 4.1은 일부 유전재료에 대한 비유전율 값이다.

표 4.1 일부 유전재료의 비유전율

물질	비유전율(ϵ_r)	물질	비유전율(ϵ_r)
공기	1.0005	알루미나(Al_2O_3)	8.8
페라이트(NiZn)	12.4	Ge	16
유리	4~7	종이	
폴리스틸렌	2.56	quartz	3.8
폴리에틸렌	2.26	파이렉스유리	
테프론	2.1	고무	2.5-3
실리카(SiO_2)	3.8	Si	11.8
염화나트륨	5.9	산화티타늄	100
물	80	타탄산바륨	1200

면적 S, 간격 d, 유전율 ϵ의 유전체로 채워진 평행판 커패시터의 정전용량 C 는 식 (4-2)로 주어진다.

$$C = \epsilon \frac{S}{d} = \epsilon_r \epsilon_0 \frac{S}{d} = \epsilon_r C_0 \qquad \text{——— (4-2)}$$

여기서 C_0는 평행판 공기 커패시턴스로 유전체를 채운 경우의 정전용량은 진공의 ϵ_r배가 된다.

유전체(ϵ_r)의 양극판에 일정 전하 $\pm Q$가 인가된 경우의 전위와 전계 변화를 알아보자. 극판에 일정한 전하량이 주어짐을 고려했으므로 식(4-3)과 같은 극판 전위의 변화를 예견할 수 있다.

$$Q = C_0 V_0 = CV = \epsilon_r C_0 V$$

$$V = \frac{V_0}{\epsilon_r} \qquad \text{——— (4-3)}$$

유전체를 채운 경우 전압변동이 작다. 즉, 전위차는 진공의 $1/\epsilon_r$배로 유전체를 채움으로 감소됨을 알 수 있다. 또한 평행판 커패시터의 전위와 전계간의 관계로부터 전계 역시 식

(4−4)와 같이 감소됨을 알 수 있다.

$$V_0 = E_0 d, \ V = Ed$$

$$E = \frac{V}{d} = \frac{1}{\epsilon_r}\frac{V_0}{d} = \frac{E_0}{\epsilon_r} \qquad \text{——— (4−4)}$$

즉, 전계 역시 진공의 것에 비하여 유전체를 채운 경우 $1/\epsilon_r$ 배로 감소한다.

가. 쿨롱의 법칙

$$\vec{F} = F a_r = \frac{1}{4\pi\epsilon}\frac{Q_1 Q_2}{r^2} a_r = \frac{1}{\epsilon_r}\frac{1}{4\pi\epsilon_0}\frac{Q_1 Q_2}{r^2} a_r = \frac{1}{\epsilon_r}\overrightarrow{F_0}$$

나. 가우스법칙 (전속수, 전력선수)

ϵ_r 인 유전체 내의 전하 Q로부터 발산되는 전속수 ϕ_D, 전력선수 ϕ_E를 공기로 채워진 경우와 비교해 보자.

$$\phi_D = \oint \vec{D} \cdot d\vec{S} = Q \ : \text{즉, 전속은 유전체에 무관}$$

$$\phi_E = \oint \vec{E} \cdot d\vec{S} = \frac{Q}{\epsilon} = \frac{1}{\epsilon_r}\frac{Q}{\epsilon_0} \ : \text{즉, 전력선수는 진공의 } 1/\epsilon_r \text{ 배}$$

즉, 전속수는 공기 중에서나 유전체에서나 일정한 반면에 전력선수는 유전체를 채우는 경우 비유전율만큼 감소된다. 예를 들어, 비유전율이 10인 유전체를 채울 경우 전력선 수는 1/10이 된다.

예제

일정전압 V 인가된 유전체로 채워진 평행판 커패시터의 정전용량, 전계 및 축적전하량의 관계를 규정하라.

$$C = \epsilon \frac{S}{d} = \epsilon_r C_0,\ E = \frac{V}{d} = \frac{1}{\epsilon_r}\frac{V_0}{d} = \frac{E_0}{\epsilon_r}$$

$$Q = CV = CV_0 = \epsilon_r C_0 V_0 = \epsilon_r Q_0$$

즉, 용량 증가, 전하 축적 능력 증가. 전계 감소.

4.2 유전체의 분극(polarization)

전하가 속박범위 안에서 미소하게 변위(displacement)하여 극을 갖는 현상을 분극현상이라 하며, 분극에 의해 생성된 정,부 전하는 전기쌍극자로서 역할을 하게 된다.

절연체를 구성하는 원자나 분자의 구조 및 배열은 전계가 인가되면 초기 상태로부터 변위를 일으키며 절연체 양 끝에 분극전하가 발생하는 분극을 일으킨다. 대표적 분극은 다음과 같은 3종류가 있으며, 4.3절에서 자세히 설명하기로 한다.

❶ 전자분극(electronic polarization) : He 등의 단원자 기체 등…
❷ 이온분극(ionic polarization) : NaCl 등…
❸ 배향성 분극(orientational polarization) : 유극성 분자, H_2O 등…

또한, 유전체 구성 분자는 극성존재 유무에 따라 무극성, 유극성 분자로 구별된다. 유극성분자의 개개 구성 분자는 외부 전계 없이 자체 전기쌍극자를 형성(영구 전기쌍극자)한다. 그러나 쌍극자 모멘트는 무질서하므로 전체 쌍극자 모멘트는 0이 되며 외부전계 인가로 쌍극자는 전계방향으로 배열한다.

❶ 무극성분자 (nonpolar molecule) : CO_2, CS_2

❷ 유극성분자 (polar molecule) : H_2O, H_2S, CO ⋯

일부 유전체는 전계를 인가하면 분극이 발생하고 전계를 제거해도 유전체 내부에 분극이 남게 된다. 이와 같이 유전체는 자발분극의 존재 여부에 따라 다음과 같이 강, 상유전체로 구분한다.

❶ 강유전체 (ferroelectric material) : 자발분극 존재.
❷ 상유전체 (paraelectric material)

가. 분극전하와 분극도

외부전계에 의한 유전체 내부의 분자(원자)들은 분극 하여, 그 내부에서는 정·부전하가 서로 상쇄하고 전극의 양쪽 끝에 전하는 남게 되며 이를 분극전하(polarization charge)라 한다. 분극전하는 진전하와 구별된다.

$$\text{단위 면적당 분극 전하량} = \text{분극전하밀도 } \pm\rho_s'$$

$$\text{평행판 전극의 전하밀도} = \text{진전하밀도 } \pm\rho_S$$

유전체내 임의의 점에서의 분극의 세기(polarization, 또는 polarization intensity)를 분극도 $\vec{P}$라 하며, 이것의 크기는 단위면적당의 분극전하량 또는 단위체적당의 전기쌍극자 모멘트로 정의한다. 즉, 분극도는 식 (4-5)로 정의된다.

$$\text{분극도P} = \frac{\text{분극전하량 Q [C]}}{\text{단위면적}[\text{m}^2]} = \text{분극전하밀도 } \rho_s' = \frac{\text{전기쌍극자모멘트 [C m]}}{\text{단위체적}[\text{m}^3]} \text{ ; 단위 } [\text{C/m}^2] \qquad (4\text{-}5)$$

전기쌍극자 모멘트를 $\vec{M}$으로 정의하면 $\vec{P} = \dfrac{d\vec{M}}{dv}$이므로 분극도의 방향은 쌍극자모멘트

의 방향(음에서 양)과 동일하게 된다. 즉,

$$\vec{P}\text{의 방향} = \vec{M}\text{의 방향 (즉, } -Q' \Rightarrow +Q')$$

이때, 전기력선과 마찬가지로 유전체내의 각점의 $\vec{P}$ 의 방향을 연속적으로 그린 선을 분극선이라 한다. 따라서 분극선은 - 분극전하에서 시작 +분극전하에서 끝난다.

전속, 전력선과 마찬가지로 분극선밀도는 분극도 $\vec{P}$와 동일한 물리량을 갖는다. 즉, 전속밀도=D, 전력선밀도=E, 분극선밀도=P이다.

$$\vec{P}\text{의 단위 : } \left[\frac{lines}{m^2}\right] = \left[\frac{C}{m^2}\right] \text{ - 단위 분극전하(1C)로부터 하나의 분극선}$$

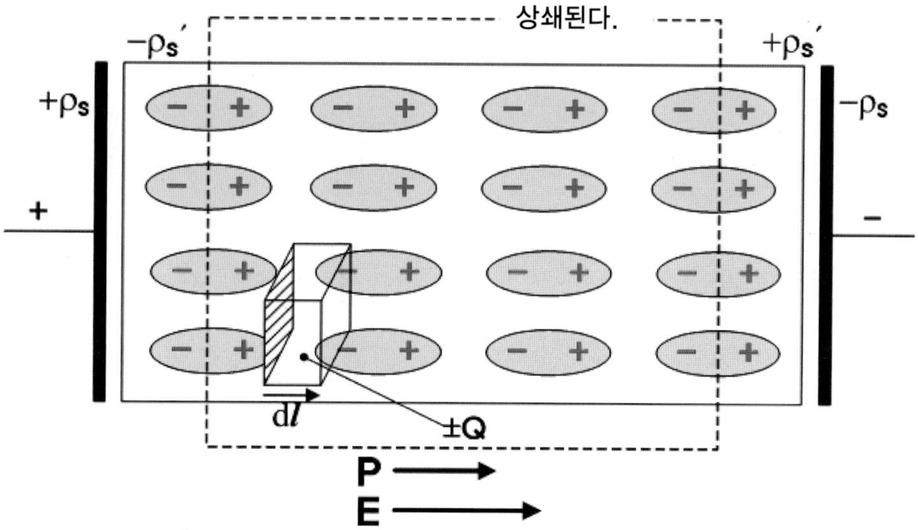

그림 4.2 유전체를 채운 평행판 커패시터의 분극전하와 진전하. 전력선밀도 $\vec{E}$, 전속선밀도 $\vec{D}$, 분극선밀도 $\vec{P}$의 단위는 모두 [lines/m^2]

나. 분극도의 발산

가우스정리를 도입하면, "유전체 내의 임의의 폐곡면 S로부터 나가는 총 분극선수 ϕ_P는 그 내부의 분극 전하량과 같다"라고 하는 분극의 발산정리를 유도할 수 있다. 이것을 식으로 표현하면 식 (4-6)과 같다.

$$\phi_P = \oint_S \vec{P} \cdot d\vec{S} = -Q' \qquad \text{(4-6)}$$

여기서, ′은 진전하와의 구별을 위한 것이고 음의 값이 붙은 것은 분극선은 음에서 나와서 양으로 향하기 때문이다. 즉, 전력선의 방향과 반대 개념이므로 "분극선이 나아가기 위해서는" 폐곡면 내부에 음의 분극전하가 존재해야 한다.

식 (4-6)에 발산(divergence) 정리를 도입하여 정리하면 식 (4-7)과 같이 분극의 발산에 대한 미분방정식을 얻을 수 있다.

$$\phi_P = \oint_S \vec{P} \cdot d\vec{S} = \int_v \nabla \cdot \vec{P}\, dv$$

$$-Q' = \int_v -\rho'\, dv$$

$$\therefore \nabla \cdot \vec{P} = -\rho' \qquad \text{(4-7)}$$

다. 분극도와 전계간의 관계

분극도 $\vec{P}$와 전계 $\vec{E}$와의 관계식을 유도하자. 그림 4.3과 같은 평행판 커패시터를 생각하자.

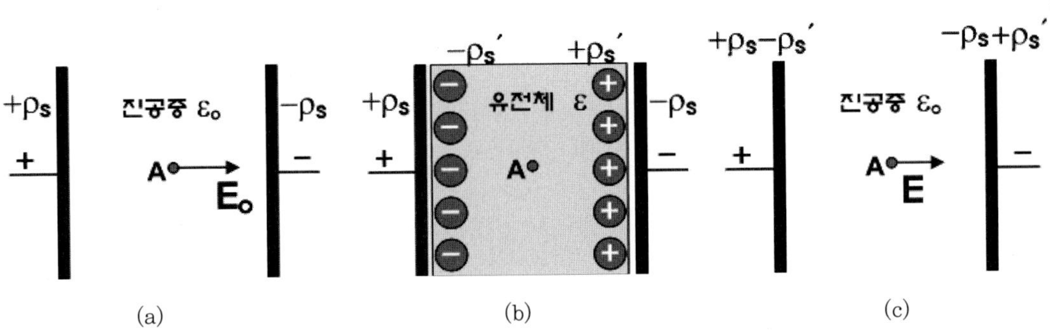

그림 4.3 (a) 진공중과 (b) 유전체를 포함하는 평행판 커패시터의 전계. (c)는 (b)에 대한 등가도

(a) 진공의 경우 점 A의 전계 $\overrightarrow{E_0}$

$$E_0 = \frac{\rho_S}{\epsilon_0}\left[\frac{V}{m}\right]$$

(b) 유전체 $\epsilon(=\epsilon_r\epsilon_0)$를 채운 경우

: 유전체 표면에 $\mp\rho_S'$의 분극전하 발생 ⇨ 극판전하 $\pm(\rho_S-\rho_S')$의 진공 커패시터로 간주(c)할 수 있다.

(c) 유전체 내의 전계 $\overrightarrow{E}$

$$E = \frac{\rho_S-\rho_S'}{\epsilon_0} = \frac{\rho_S}{\epsilon_0} - \frac{\rho_S'}{\epsilon_0}$$

$$E = \frac{E_0}{\epsilon_r} = \frac{\rho_S}{\epsilon_0\epsilon_r} \Rightarrow \rho_S = \epsilon_0\epsilon_r E,\ \rho_S' = P$$

$$E = \epsilon_0\epsilon_r\frac{E}{\epsilon_0} - \frac{P}{\epsilon_0}$$

$$\epsilon_0 E = \epsilon_0\epsilon_r E - P$$

$$\therefore \begin{aligned} P &= \epsilon_0(\epsilon_r-1)E \\ \overrightarrow{P} &= \epsilon_0(\epsilon_r-1)\overrightarrow{E} \end{aligned} \qquad \text{——— (4-8)}$$

$$\overrightarrow{P} = \chi\overrightarrow{E} \qquad \text{——— (4-9)}$$

식(4-9)에서 $\chi = \epsilon_0(\epsilon_r-1)$는 유전체의 고유값으로 분극율(polarizability) 또는 전화율(electric susceptibility)이라 한다.

$$\chi = \epsilon_0\chi_r$$

여기서, χ_r은 비전화율 또는 비분극율로 식(4-10)과 같이 비유전율보다 1만큼 작은 값을 갖는다.

$$\chi_r = \epsilon_r - 1 \qquad \text{(4-10)}$$

이러한 전화율은 전계에 따라 선형적으로 변화하는 등방성과 비선형 의존을 보이는 비등방성 특성을 갖는다.

❶ 등방성(isotropic)물질 : $\vec{E}$와 $\vec{P}$가 선형 비례 관계(같은 방향성)를 갖는다.

❷ 이방성(anisotropic)물질 : 대부분의 결정체에서 발생하며 강전계 하에서 $\vec{E}$와 $\vec{P}$의 방향이 다를 수 있다.

특히, $\vec{E}$와 $\vec{P}$가 비선형인 강유전체($BaTiO_3$, 로셸염…)는 대부분 이력효과(履歴効果 : hysteresis effect)를 보이며 이를 이용하므로 메모리 소자로 이용이 가능하다.

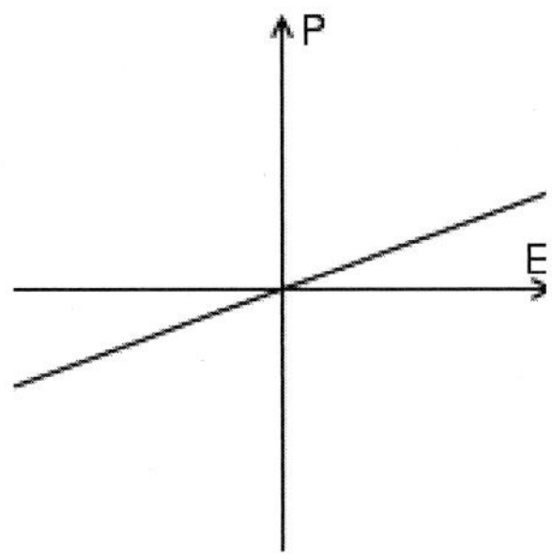

dielectric polarization

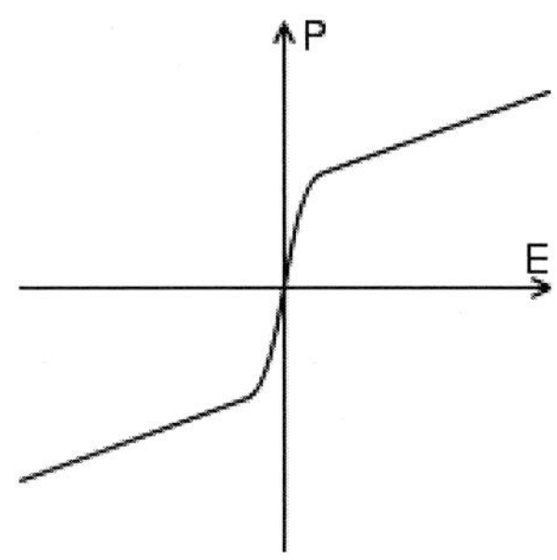

paraelectric polarization

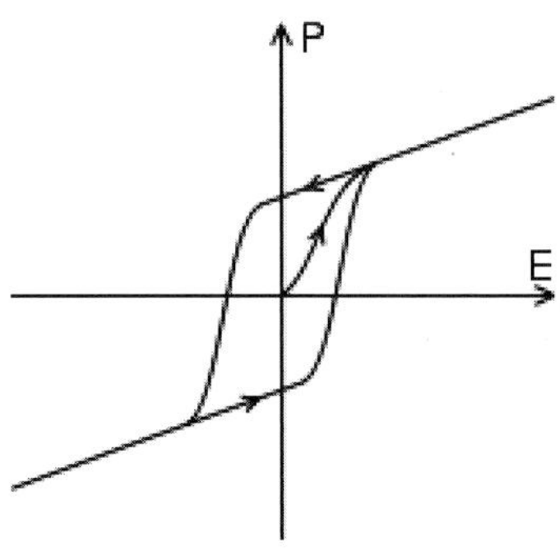

ferroelectric polarization

라. 분극도와 전속밀도간의 관계

분극도 $\overrightarrow{P}$와 전속밀도 $\overrightarrow{D}$의 관계는 식(4-8), (4-9)로부터 식(4-11)로 주어진다.

$$E = \frac{\rho_S - \rho_S{}'}{\epsilon_0} \Rightarrow \epsilon_0 E = \rho_S - \rho_S{}' = D - P$$

$$\therefore \overrightarrow{D} = \epsilon_0 \overrightarrow{E} + \overrightarrow{P} \qquad \text{——— (4-11)}$$

즉, 유전체내의 전속밀도는 유전체내의 전계가 진공중에 있을 경우의 전속밀도($\epsilon_0 \overrightarrow{E}$)와 분극도($\overrightarrow{P}$)의 합으로 주어진다. 식(4-11)의 좌우 단위는 ϵ을 추가함으로 일치함을 알 수 있다. 즉,

$$\left[\frac{C}{m^2}\right] = \left[\frac{C}{V \cdot m} \cdot \frac{V}{m}\right] + \left[\frac{C}{m^2}\right]$$

유전체 존재하에서 식(4-11)은 식(4-12)와 같이 간단히 표현될 수 있다.

$$D = \epsilon_0 E + P = \epsilon_0 E + \epsilon_0 (\epsilon_r - 1) E = \epsilon_0 \epsilon_r E = \epsilon E$$

$$\overrightarrow{D} = \epsilon \overrightarrow{E} \qquad \text{——— (4-12)}$$

식(4-12)에 대해, 유전체 없는 경우(진공중), $\overrightarrow{D} = \epsilon_0 \overrightarrow{E}$ 이며, Faraday의 실험으로부터 $\overrightarrow{D} = \epsilon \overrightarrow{E} = \epsilon_0 \overrightarrow{E} = \rho_S$로 전속밀도는 진전하만의 함수임을 알 수 있다.

4.3 분극의 종류

가. 전자분극(electronic polarization)

원자는 원자핵을 중심으로 전자구름(electron cloud)이 구 대칭을 이루고 있다고 생각할 수 있다. 이에 외부 전계가 가해지면 상대적으로 가벼운 전자의 중심이 분리되어 나타나는 현상을 전자분극이라 한다.

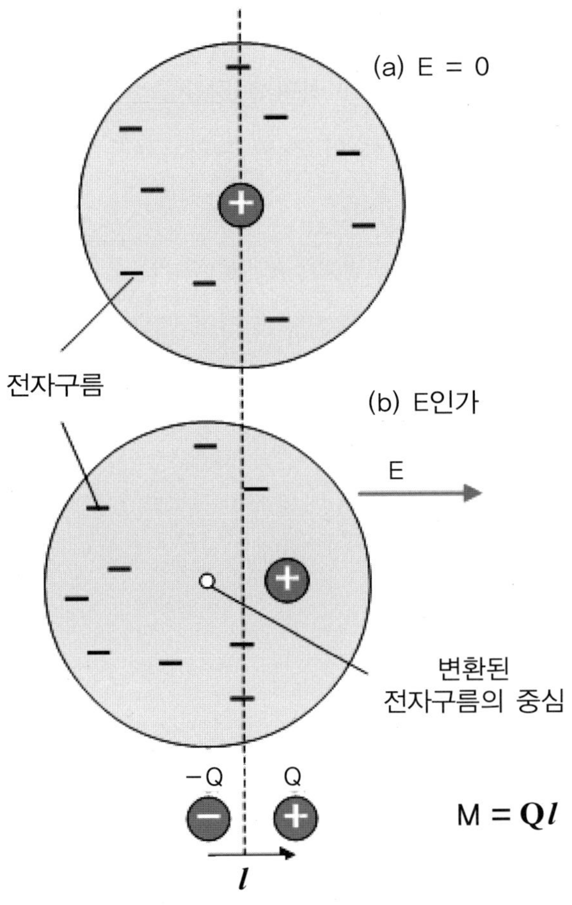

그림 4.4 전자분극. (a) 분극이 일어나기전의 원자, (b) 전계 E에 의해 전자분극이 일어난 원자와 그로부터 생기는 쌍극자 모멘트 $\overrightarrow{M}$.

나. 이온분극(ionic polarization)

NaCl과 같은 이온결합을 하는 이온성 분자에서 양, 음이온은 쿨롱의 힘에 의해 결합하고 있다. 여기에 외부 전계를 인가하면 각 이온 사이에는 상대적 변위가 일어나서 쌍극자 모멘트를 유발시킨다. 이 분극 현상을 이온분극이라 한다.

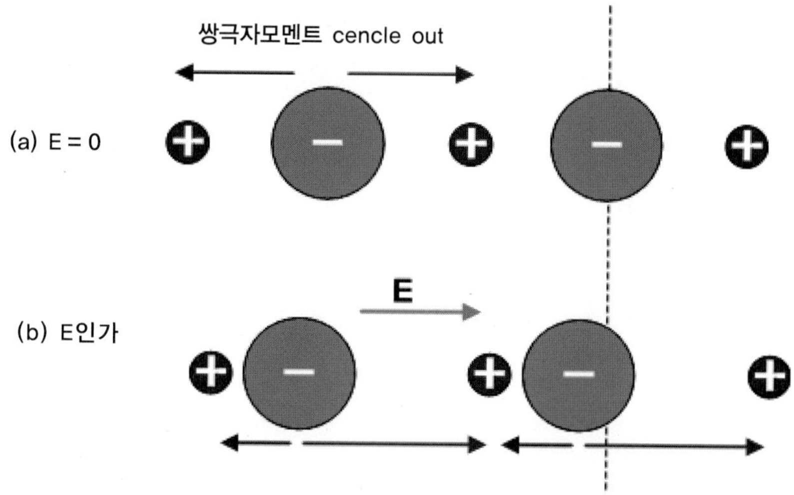

그림 4.5 이온분극. (a)분극 발생전의 이온결합 분자, (b)분극발생에 따른 쌍극자 모멘트의 생성. (a)의 경우 음에서 양으로의 M은 서로 소거, (b)의 경우 전계방향으로 Net 모멘트를 갖음

다. 배향분극(orientational polarization)

물분자, HCl, 알콜, 암모니아 등과 같은 일부 분자는 처음부터 영구쌍극자 모멘트를 가지고 있는 유극성분자이다. 이 모멘트는 벡터양으로 무질서(random)한 배열에 대해서 외부 전계가 없는 경우 전체 모멘트는 0이다. 외부 전계가 가해지면 모든 유극성 분자들은 그들이 갖는 쌍극자 모멘트를 외부 전계와 일치하는 방향으로 배열(배향)하려는 경향을 갖는다. 비록 이들의 방향 배열은 불규칙 열운동에 의해 방해를 받지만 어느 정도 방향성을 갖는 평형상태에 도달한다. 결과적으로 유효 배향에 의해 거시적 분극이 일어나게 된다. 이러한 분극을 배향분극이라 한다.

그림 4.6은 유극성분자로서 물분자에 대한 영구쌍극자모멘트와 배향분극을 나타낸다.

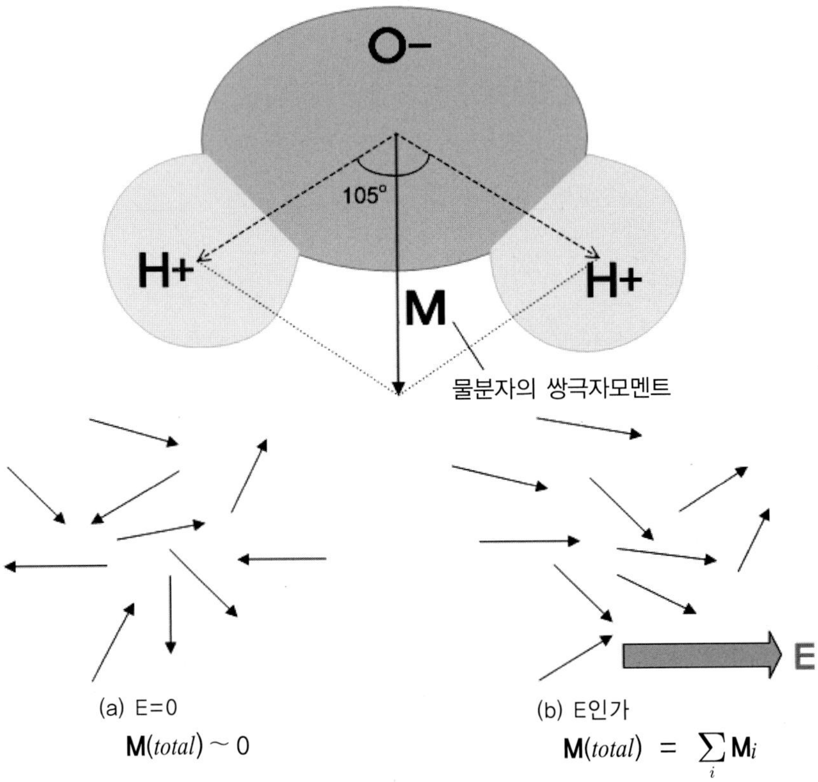

그림 4.6 물분자의 쌍극자모멘트와 외부 전계 인가에 따른 배향분극

4.4 유전체의 경계조건

두 개의 서로 다른 유전체가 있을 때 전계 및 전속밀도 문제들은 경계조건을 고려하여 취급한다. 이는 도체가 자유공간 내에 놓일 경우의 도체와 자유공간 사이의 경계조건, 즉 "도체표면상의 전계의 접선성분이 0이며, 전속의 법선성분이 표면전하밀도(도체의 경우는 도체표면에 전하가 존재)와 같다"는 것과 유사하다. 유전체의 경우는 유전체 표면에 전하가 존재할 경우와 없을 경우로 나누어 생각할 수 있다.

유전율이 ϵ_1, ϵ_2인 두 개의 다른 유전체가 접하여 있는 경우를 고려하자(입사1, 투과 or 굴절 2). 각 유전체에 대한 전계는 $\overrightarrow{E_1}$, $\overrightarrow{E_2}$, 전속밀도를 $\overrightarrow{D_1}$, $\overrightarrow{D_2}$, 입사 및 굴절각을 각각 θ_1, θ_2로 가정하자.

유전체 경계조건(boundary conditions)는 유전체 경계면에 진전하가 없는 경우($\rho_S = 0$) 다음과 같이 요약된다. 즉,

> **1. 전속밀도의 법선성분은 경계면에서 연속**
> **2. 전계의 접선성분은 경계에서 연속**

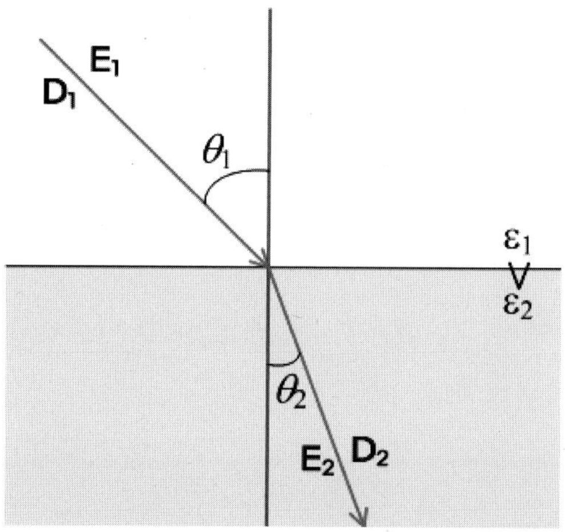

그림 4.7 유전율이 ϵ_1, ϵ_2 ($\epsilon_1 > \epsilon_2$)인 유전체내의 전계, 전속밀도의 굴절. 경계면에는 진전하가 없는 경우

경계조건 1의 증명

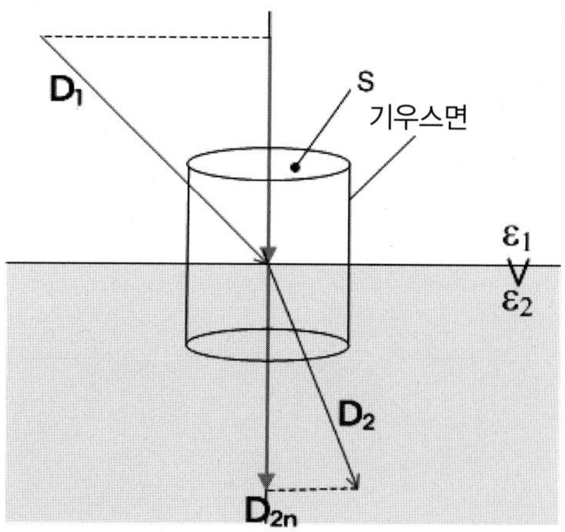

그림 4.8 유전체 경계에서의 전속밀도 연속성 증명을 위한 그림

그림 4.8과 같이 적당한 가우스면을 설정하고 가우스법칙을 적용하면,

$$\oint_S \overrightarrow{D} \cdot \hat{n}\, dS = Q$$

으로 경계면에 진전하 없는 경우 $Q=0$ 즉, $(D_{2n} - D_{1n})S = 0$ 이므로 식(4−13)과 같은 전속의 연속성을 얻을 수 있다.

$$\begin{aligned} D_{1n} &= D_{2n} \\ D_1 \cos\theta_1 &= D_2 \cos\theta_2 \\ \epsilon_1 E_1 \cos\theta_1 &= \epsilon_2 E_2 \cos\theta_2 \\ \hat{n} \cdot \overrightarrow{D_1} &= \hat{n} \cdot \overrightarrow{D_2} \end{aligned} \qquad \text{——— (4−13)}$$

경계면에 진전하 있는 경우, 즉, $Q = \rho_S S$. $(D_{2n} - D_{1n})S = \rho_S S$ 이므로 전속밀도의 경계조건은 식(4−14)와 같이 변형된다.

$$D_{2n} - D_{1n} = \rho_S \qquad \text{——— (4−14)}$$

경계조건 2의 증명

그림 4.9와 같이 두 유전체에 대해서 전계 성분의 변화를 고려하자. 유전체 경계면에서 전계보존법칙(한 점에서 일주하는 일, 또는 전위)이 성립한다. 즉,

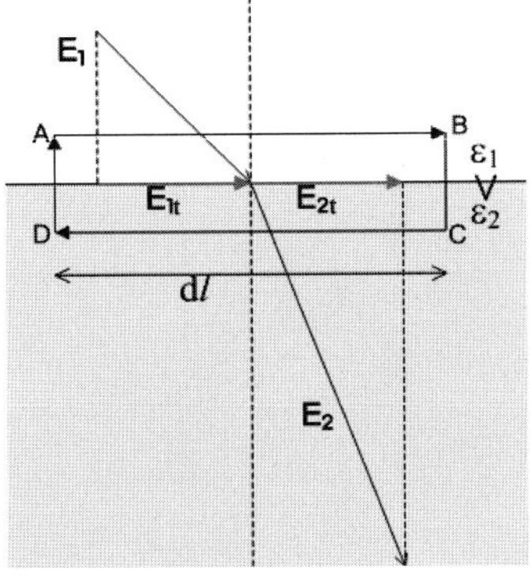

그림 4.9 유전체 경계에서의 전계 연속성 증명을 위한 그림. E_t는 전계의 접선(tangential) 성분

$$\int_{ABCDA} \vec{E} \cdot d\vec{l} = 0$$

$$\int_{ABCDA} \vec{E} \cdot d\vec{l} = \int_A^B \vec{E} \cdot d\vec{l} + \int_B^C \vec{E} \cdot d\vec{l} + \int_C^D \vec{E} \cdot d\vec{l} + \int_D^A \vec{E} \cdot d\vec{l} = 0$$

이 된다. 여기서, $BC = AD \sim 0$로 가정하면,

$$\int_A^B \vec{E} \cdot d\vec{l} + \int_C^D \vec{E} \cdot d\vec{l} = 0$$

으로, 전체 적분은 다음과 같다.

$$\int_C \vec{E} \cdot d\vec{l} = E_{1t}\,dl - E_{2t}\,dl = 0$$

따라서, 두 유전체 경계에서의 전계는 다음과 같은 연속성을 갖는다.

$$E_{1t} = E_{2t} \qquad \text{——— (4-15)}$$

$$E_1 \sin\theta_1 = E_2 \sin\theta_2$$

$$\frac{D_1}{\epsilon_1} \sin\theta_1 = \frac{D_2}{\epsilon_2} \sin\theta_2$$

$$\hat{n} \times \overrightarrow{E_1} = \hat{n} \times \overrightarrow{E_2} \qquad \text{——— (4-16)}$$

식(4-13)에서 식(4-16)까지의 유전체 경계조건을 이용하여 식(4-17)과 같은 유전체에서의 굴절법칙을 유도할 수 있다.

$$D_1 \cos\theta_1 = D_2 \cos\theta_2,\ E_1 \sin\theta_1 = E_2 \sin\theta_2,\ D_1 = \epsilon_1 E_1,\ D_2 = \epsilon_2 E_2$$

로부터 다음 식들이 얻어진다. 즉,

$$\epsilon_1 E_1 \cos\theta_1 = \epsilon_2 E_2 \cos\theta_2$$

으로부터 $E_1 = \dfrac{\epsilon_2 \cos\theta_2}{\epsilon_1 \cos\theta_1} E_2$이므로 이것을 $E_1 \sin\theta_1 = E_2 \sin\theta_2$에 대입하여 정리하면 다음과 같다.

$$\frac{\epsilon_2 \cos\theta_2}{\epsilon_1 \cos\theta_1} E_2 \sin\theta_1 = E_2 \sin\theta_2$$

$$\Rightarrow \frac{\sin\theta_1 / \cos\theta_1}{\sin\theta_2 / \cos\theta_2} = \frac{\epsilon_1}{\epsilon_2}$$

$$\frac{\tan\theta_1}{\tan\theta_2} = \frac{\epsilon_1}{\epsilon_2} \qquad \text{——— (4–17)}$$

즉, $\epsilon_1 > \epsilon_2$ 의 조건에 대해 $\theta_1 > \theta_2$ 의 굴절을 함을 알 수 있다. 그림 4.8과 4.9는 유전체 굴절법칙을 고려하여 그려진 그림이다. 특히 식(4–17)은 광에 대한 굴절법칙과 상이함을 생각하자.

식(4–17)로부터 다음과 같은 내용을 생각할 수 있다.

❶ 굴절각이 큰 유전체의 유전율이 더 크다.

❷ 만약 $\epsilon_2 \Rightarrow \infty$ 이면 $\theta_1 = 0$이거나 $\theta_2 = \pi/2$가 되어야 하는 데 $D_1 \neq 0$이므로 $\theta_1 = 0$이어야 한다. 따라서 식 $E_1 \sin\theta_1 = E_2 \sin\theta_2$으로부터 유전율이 무한히 큰 유전체 안으로 들어가는 전력선은 경계면에 수직이다.

❸ 입사각 $\theta_1 = 0$이면,

굴절하지 않는다. ($\because\ \theta_2 = 0$)

전속밀도는 연속이다. ($D_1 = D_2$)

전계는 불연속적으로 증가 또는 감소한다.

예제

polystyrene(비유전율 2.6)과 공기와의 경계에서 poly- 내의 전계 2500[V/m]가 수선과 20° 의 각도로 공기 중으로 입사한다. 굴절각, 진공 중의 전계 및 진공과 유전체에서의 전속밀도를 각각 구하라.(경계면에 진전하는 없다)

(1) 굴절각 θ_2 ;

$$\frac{\tan\theta_1}{\tan\theta_2} = 2.6 \qquad \therefore \ \tan\theta_2 = \frac{\tan\theta_1}{2.6} = 0.140$$

$$\theta_2 = \arctan(0.140) = 8°$$

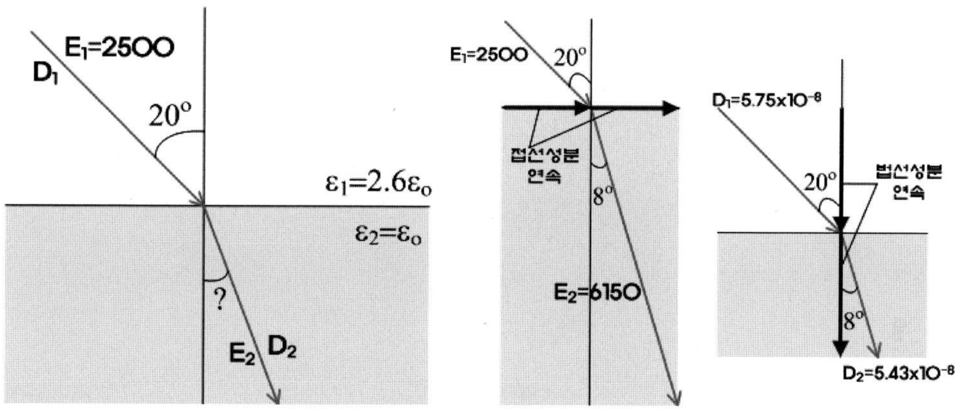

2) 진공 중의 전계 E_2

$$E_1 \sin\theta_1 = E_2 \sin\theta_2$$

$$\Rightarrow E_2 = \frac{\sin 20°}{\sin 8°} E_1 = 6150 \ [\text{V/m}]$$

3) 전속밀도

$$D_1 = \epsilon_1 E_1 = 8.854 \times 10^{-12} \times 2.6 \times 2500 = 5.75 \times 10^{-8} \ [\text{C}/m^2]$$

$$D_2 = \epsilon_2 E_2 = 8.854 \times 10^{-12} \times 1 \times 6150 = 5.43 \times 10^{-8} \ [\text{C}/m^2]$$

위 그림 자체로부터 전계는 증가, 전속밀도는 감소함을 직관적으로 알 수 있다.

예제

$\rho_s[C/m^2]$가 분포된 유전율 ϵ_1 및 ϵ_2인 유전체의 경계면에 대하여, 전계 E_1이 ϵ_1의 유전체로부터 입사하여 ϵ_2로 투과한다. 입사각 θ_1, 굴절각 θ_2일 때 이들 사이의 관계식을 구하라.

(i) $(D_{2n} - D_{1n})S = \rho_s S \;\Rightarrow\; D_2\cos\theta_2 - D_1\cos\theta_1 = \rho_s$

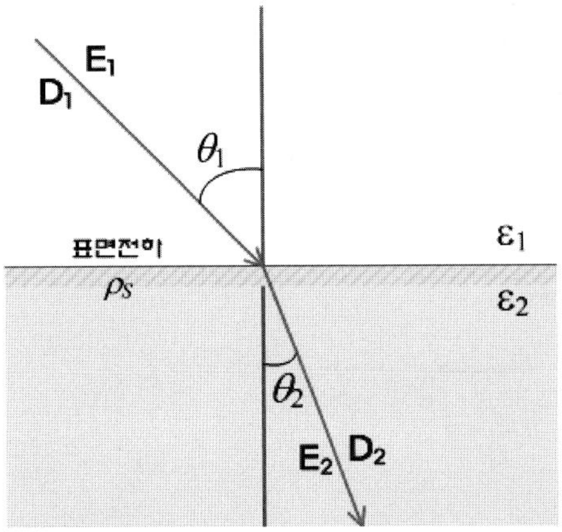

(ii) $E_{2t} = E_{1t}$

$E_2\sin\theta_2 = E_1\sin\theta_1 \;\Rightarrow\; E_2 = E_1\dfrac{\sin\theta_1}{\sin\theta_2}$을

$\epsilon_2 E_2\cos\theta_2 - \epsilon_1 E_1\cos\theta_1 = \rho_s$에 대입

$\epsilon_2 (E_1\dfrac{\sin\theta_1}{\sin\theta_2})\cos\theta_2 - \epsilon_1 E_1\cos\theta_1 = \rho_s$

(양변)$\times \dfrac{1}{E_1\sin\theta_1}$

$$\epsilon_2\frac{\cos\theta_1}{\sin\theta_2} - \epsilon_1\frac{\cos\theta_1}{\sin\theta_1} = \frac{\rho_s}{E_1\sin\theta_1}$$

$$\therefore\; \epsilon_2\cot\theta_2 - \epsilon_1\cot\theta_1 = \frac{\rho_s}{E_1\sin\theta_1} \qquad \text{——— (4-18)}$$

4.5 유전체의 특수현상

유전율 ϵ이 일정한 경우, 즉 $\vec{E}$와 $\vec{P}$가 선형 비례 관계를 갖는 이상적인 유전체와 달리 실제 유전체 문제에서는 단순한 모형으로 설명이 어려운 여러 성질이 있다. 여기서는 몇몇의 특수성질을 고찰하자.

가. 강유전체의 이력효과

4.2절에서 언급한 바와 같이 티탄산바륨($BaTiO_3$), 로셸(Rochelle)염 등 일부 물질은 어

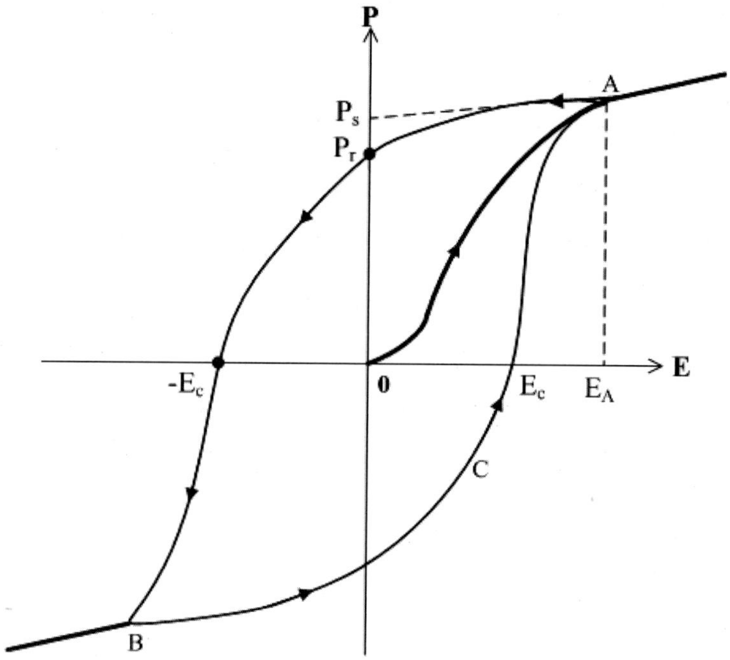

그림 4.10 강유전체의 $P-E$ 이력효과

떤 온도범위에서 비유전상수가 수천~수만에 이른다. 이와 같이 유전상수와 매우 큰 유전체를 강유전체라 하며, 외부 전계 $\vec{E}$에 대해 분극 $\vec{P}$는 일차적인 선형비례 관계가 아닌 그림 4.10과 같은 이력효과(hysteresis effect)를 나타낸다.

즉, 전계를 증가시킬 때의 분극도와 감소시킬 때의 분극도의 변화는 같은 경로를 따르지 않는다. 강유전체에 전계 $E=0$으로부터 증가시키면 분극도 P는 $0A$ 경로를 따라 증가하며 대부분 포화에 다다른다. 그러나 전계를 E_A까지 증가시킨 후 다시 0으로 감소시키면 분극은 곡선 $A0$를 따르지 않고 곡선 AP_r을 따라 감소한다. 외부 전계가 0이 되어도 분극도는 P_r을 유지한다. P_r을 잔류분극(remanent polarization)이라하며 크기는 온도에 반비례한다.

이 잔류분극의 존재는 이력특성을 갖는 유전체가 자발분극(spontaneous polarization) P_s를 가지고 있음을 나타낸다. P_s 및 이력특성이 강유전체의 직접적인 특징이다. 자발분극이란 강유전체 내의 분자들이 $E=0$에서도 쌍극자 모멘트를 가지고 있으며 이들이 어떤

한 영역 내에서 같은 방향으로 정렬하여 분극을 이루는 것을 말하며 이 자발분극의 구역을 도메인(doamin)이라 한다.

잔류분극을 0으로 하기 위해 역으로 외부 전계 E_c를 가해야 하는 데, 이를 항전력(抗電力, coercive force)이라 한다. 이 이력특성은 자성체의 자기이력곡선과 매우 유사하다. 이러한 이력특성을 보이는 이유는 무엇인가? 전계가 인가되지 않은 상태에서 도메인 내의 쌍극자모멘트들은 불규칙하여 서로 상쇄되므로 전체로 하나의 큰 분극을 형성하지 못한다. 하지만 외부 전계가 인가되면 전계와 동일한 방향의 분극이 발생되고 이것이 점점 커져서 전계와 같은 방향의 큰 분극에 이르게 된다. 일단 큰 도메인이 형성되면 그 자체의 분극에 의해 외부 전계가 제거되더라도 어느 정도 그 도메인은 남는다. 이것이 잔류분극이며 이를 제거하기 위해서 반대방향의 전계 E_c가 필요하다.

대부분의 유전체 특히 유극성재료의 경우, 전계 $E=0$으로부터 증가시키면 분극도 P는 $0A$ 경로를 따라 증가하며 대부분 포화에 이르는 데 이때 어느 정도의 시간이 소요된다. 이것은 각 분자들이 전계에 따라 정렬하려는 경향이 이웃하는 분자들에 의해 상호작용을 받기 때문이다. 실제로 각 분자들의 에너지 상태 변화, 또는 quantum jump는 시간적으로 일시에 일어나는 것이 아니라 불규칙하게 발생한다. 이처럼 유전체에 외부 전계가 인가될 때 분극이 순간적으로 완결되는 것이 아니고 어떤 유한시간을 두고 포화에 도달하는 데 이 같은 현상을 유전이완(dielectric relaxation)이라 한다. 이 이완 현상은 일반적으로 $\exp(-t/\tau)$의 일차함수로 표현되는 데 τ는 이완시상수라 한다. 통계적으로 이 τ는 분극이 포화치의 $63.2\%\,[=(1-1/e)100\%]$까지 도달되는 데 소요되는 시간이 되며 물질에 따라 큰 차이를 보인다. 예를 들어 10^{-10} 초부터 수천 년에 달하는 재료가 있다.

또한 강유전체에 온도를 인가하면 임의의 온도에서 급격하게 자발분극 및 유전율이 감소되어 이력특성을 잃게 되는데 이온도를 퀴리(Curie)온도라 하며, 티탄산바륨의 경우 120°C, 로셀염은 20°C이다. 비유전율은 이 퀴리온도에서 최대가 된다(5.2절 참조).

나. 초전 및 압전효과

티탄산바륨이나 전기석의 결정을 가열, 냉각하면 결정의 한쪽 면이 양전하 다른 쪽은 음

전하가 발생한다. 또한 이 전하의 극성은 가열 및 냉각에 따라 역전된다. 이런 효과를 초전효과(pyroelectric effect)라 하며 이 때 발생하는 전하를 초전기(pyroelectricity)라 한다. 이 초전현상은 자발분극을 가지는 유전체에서 나타나는 데 온도 변화에 의해 자발분극의 크기가 변화하기 때문에 일어난다. 유전체에 초전기가 발생한 것을 공기 중에 방치할 때 결정의 표면은 즉시 공기 중의 이온을 흡착하여 초전기를 중화시킨다. 이 초전효과는 열에너지를 전기에너지로 변화시키는 유용한 현상이다.

또한 초전현상을 보이는 결정은 기계적인 압력이 가해질 경우에도 전기가 발생한다. 즉, 결정에 어떤 방향으로 압축 또는 인장력이 작용되면 그 내부에 전기분극이 발생하고 그 단면에 분극전하가 발생한다. 전기분극은 응력에 비례한다. 이러한 현상을 압전효과(piezoelectric effect)라 한다. 또 이때 단면에 나타나는 분극전하를 압전기(piezo-electricity)라 하고 대전면에 수직인 축을 전기축(electric axis)이라 한다. 수정, 전기석, 로셀염, 티탄산바륨 등은 압전효과를 보이는 대표적인 물질이다. 한편 압전효과를 보이는 결정에 전계를 가하면 전계에 비례하는 기계적응력이 나타나는 압전역효과를 보인다. 이와 같은 가역성은 전기-기계에너지 상호작용이 가능함을 나타낸다. 이 상호변환특성은 마이크, 압력측정, 초음파발생 등 여러 방면으로 응용되고 있다. 압전기는 결정에서 나타나므로 방향성이 있다. 분극-응력이 동일 방향인 압전효과를 종효과(longitudinal effect), 분극-응력이 수직인 경우를 횡효과(transverse effect)라 한다. 특히 압전효과를 나타내는 물질은 극성결정체로 결정내의 원자배열이 특정축에 대해 비대칭인 물질이다. 강유전체는 일반적으로 극성결정체이다. 수정(quartz)의 종효과인 경우, 1 N/m^2의 응력에 대해 1.60 C/m^2의 분극전하가 발생하며 로셀염의 압전효과는 수정의 천배에 해당하는 것으로 보고되고 있다.

[제5장]

정자계와 자성체

정전계를 정지전하의 전기력에 의해 정의했던 것처럼 정자계(static magnetic field) 역시 정지자하에 의한 자기력을 이용하여 정의할 수 있다.

5.1 자기현상과 자성체 종류

자기(磁氣, magnetism)란 자석이 철편을 끌어당기거나 전류에 힘을 미치는 성질 및 이러한 현상을 총괄하여 말한다. 정전기(또는 마찰전기)의 인력과 함께 BC 5세기경부터 알려진 성질로서 자석을 나타내는 영어의 magnet는 옛날에 자철석의 산지였던 소아시아(오늘날의 터키 일부) 서부의 마그네시아(Magnesia)에서 유래하며, 자기의 인력이 처음부터 전기의 인력과 구별해서 생각된 것은 아니었다.

자극(磁極, magnetic pole)은 자석의 작용력이 가장 강한 부분을 말한다. 자극은 13C 프랑스의 P. 펠레그리누스가 발견하였으나 전기력과 자기력의 차이가 명확히 구별된 것은 16세기 말경 길버트(영국)가 실험에 입각해서 쓴 저서인 “자석에 대하여(1600)”에서 자기의 기본현상을 계통적으로 밝힌 것으로 알려져 있다. 1820년 외르스테드(Oersted, Hans Christian, 덴마크)가 전류의 자기작용을 발견하였으며, 1831년 페러데이(Faraday, Michael, 영국)가 전자기유도법칙을 발견함으로써 자기현상과 전기현상의 밀접한 관계가 밝혀진 후 전자기학이 성립하였다 할 수 있다. 자극은 단독으로 존재할 수 없으며, 한 자극이 존재하면 그에 대응하는 반대 자극이 존재한다.

이 자극의 중심을 연결한 축을 자축(磁軸, magnetic axis)라하며 N극 ⇦ S극으로 정의한다. 지구의 자전축과 동일하다. 물질을 자기장 속에 넣어두면 자기현상이 유도되어 자기력을 갖게 된다. 이와 같이 자기력이 없는(작은) 물질을 자석으로 만드는 현상을 자화(磁化, magnetization)라 한다.

가. 자성체의 종류

물질을 구성하는 원자는 핵 주위를 전자가 궤도운동을 하며 전자 자신도 자체 스핀을 갖기 때문에 대부분의 물질은 각자 자기모멘트(magnetic moment)를 나타내므로 엄밀한 뜻에서 자성체(magnetic materials)라 할 수 있다. 그러나 자계 하에 놓일 경우 자화의 방향과 세기가 물질에 따라 차이가 있으므로 몇 개의 종류로 분류된다.

강자성체는 자석의 N(또는 S)극을 가까이 가져가거나 대는 순간 그 면에 자석과는 정반대의 S(또는 N)극이 생겨 달라붙게 된다. 그러나 이 달라붙는 힘이 매우 약해서 강자성체의 수만 분의 1이나 수천만 분의 1 정도밖에 되지 않는 성질을 가진 물체도 있는데 이런 물체를 우리는 약자성체 또는 상자성체라고 한다. 약자성체는 그 끌리는 힘이 너무 약해 아주 정밀한 측정을 하지 않으면 거의 알 수 없다. 그런데 어떤 물체는 자석에 의해 끌리기는커녕 반발을 하는 물체도 있다. 이러한 물체를 반자성체라고 부르는데 반발력이 매우 약해 약자성체의 수십 분의 일에서 수만 분의 일밖에 되지 않아 일반인들이 가정에서 측정한다는 것은 불가능하다.

(1) 상자성체(常磁性體, paramagnetic materials)

약자성체라고도 한다. 원자 자체는 각각 자기모멘트를 갖고 있지만 물질에 자계를 가하지 않은 경우 열 진동(thermal vibration)으로 이 자기모멘트는 무질서한(random) 방향을 취하므로 전체적으로는 자성을 나타내지 않는 것으로 볼 수 있다.

그러나 자계 하에서는 아래 그림과 같이 각 원자의 자기 모멘트가 자계방향으로 배열하려는 경향을 가지며 약하지만 자계방향 자성을 갖는다. 이러한 자성체를 상자성체라 한다.

예) Al , Mn , Ti , Pt , W, O_2 , Cr ⋯

자계 하에서의
원자자기모멘트 배열

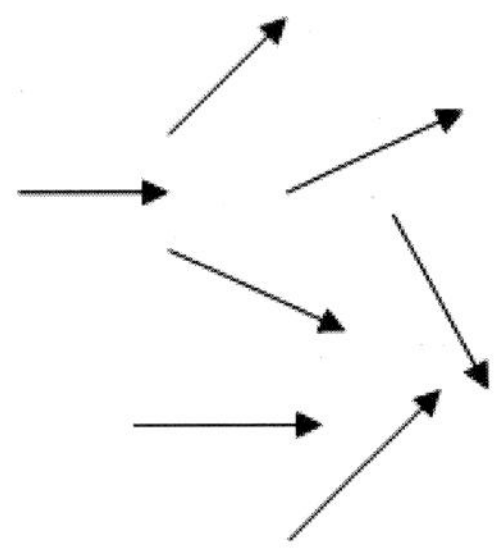

(2) 반자성체(反(逆)磁性體, diamagnetic materials)

자계 내에서 자계와 반대 방향으로 약하게 자화되는 물질로 Lentz 법칙(or Faraday 법칙)에 의해 발생된다. 원자의 자기모멘트는 없는 것으로 간주한다.

예) Bi , C, Cu , Si , Ge , Ag , Au , H_2 , P , Sb …

(3) 강자성체(强磁性體, ferro- or ferri-magnetic materials) :

약한 자계에서도 자화율이 10^4정도로 매우 높은 물질로 큰 자발자화를 갖는다. 특히, 온도와 자계에 따라 자화현상이 크게 의존한다. 특정온도(Curie 온도) 이상에서 강자성체의 자기 특성이 사라져 상자성체로 바뀌는 특성이 있다. 즉, 자화율 $\sim 10^4 \Rightarrow \sim 10^{-6}$. 강자성체는 Curie 온도이상의 온도에서 Curie-Weiss법칙을 따르는 데 이를 특히 페로자성체(ferro-, Fe, Co, Ni 등의 금속)라 하며, 이에 반하여 Fe_3O_4, Ni-Zn, Ferrite 등의 비금속류 대부분의 강자성체는 Curie-Weiss법칙을 따르지 않는데 이러한 자성체를 페리자성체(ferri-)라 한다. 페라이트는 여기에 속하며, Fe를 주성분으로 하는 ferri-자성체이다.

강자성체

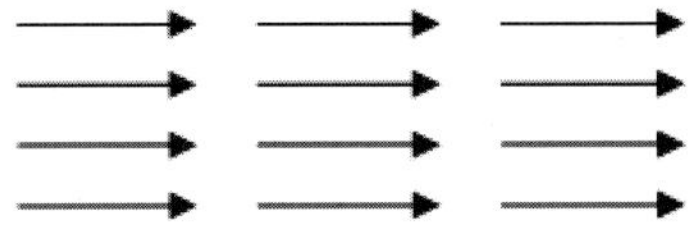

Ferri-자성체

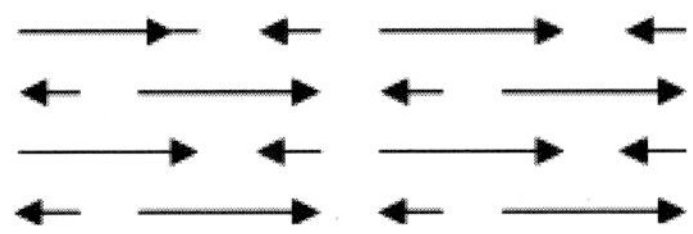

페라이트(Ferrite)

재질에 따라 크게 나누어 스트론튬(St)자석과 바륨(Ba)자석으로 나뉜다. 스트론튬자석이 바륨자석에 비해 성능은 탁월하지만 가격이 비싸다. 따라서 일반 스피커 및 소형 장난감용 모터에는 값싼 바륨자석이 많이 쓰이지만 자동차용 모터나 고성능 스피커 및 센서 등에는 필수적으로 스트론튬 자석이 사용된다.

페라이트 자석의 조성은 $SrCO_3 \cdot 6Fe_2O_3$ 또는 $BaCO_3 \cdot 6Fe_2O_3$로 이루어져 있으며 다시 그 재질에 따라서 세라믹소결 형과 본드 형으로 나뉜다.

본드자석은 플라스틱자석과 고무자석등으로 세분화 된다. 소결형자석이란 세라믹을 만드는 것과 같이 페라이트 파우더를 성형공정에서 일정한 모양으로 만든 후 높은 온도의 로 속에서 구워낸 자석을 말한다. 대부분의 페라이트 자석은 이 소결형자석이다.

페라이트계 플라스틱 자석은 플라스틱 원료에 페라이트 파우더를 섞어 사출 공정으로 자석을 만드는 것으로 보통 이와 같은 페라이트계 플라스틱 자석은 소형 가전기기용 모터나 악세서리 등에 사용된다. 페라이트계 고무자석은 고무의 원료와 페라이트 파우더를 섞어 만드는 것으로 자력은 약하나 제도판용, 냉장고 문의 흡착용, 액세서리용 등에 쓰이며 일부는 컴퓨터, 복사기 등의 냉각 팬 모터용으로도 사용된다. 이와 같이 페라이트계의 자석들은 사용범위가 넓고 효율성이 뛰어나며 가격 대비 에너지 효율이 다른 어느 자석보다 매우 높기 때문에 사용량은 계속 증가할 것으로 보이는 자성체이다.

나. 자성체의 자화율

앞에서 설명한 바와 같이 유전체는 외부 전계하에서 분극이 발생하며 전계와 분극도 간의 관계는 $\vec{P} = \chi \vec{E}$로 표현된다. 마찬가지로 뒤에서 자세히 설명하겠지만 자성체는 외부 자계($\vec{H}$)에 대하여 자화를 일으키며 자화의 정도를 나타내는 벡터양을 자화의 세기($\vec{J}$ 또는 $\vec{M}$)라 하며 식(5-1)로 표현된다. 따라서 자계와 자화세기의 그래프로부터 자화율을 얻을 수 있다.

$$\vec{J} = \chi \vec{H} \qquad \text{——— (5-1)}$$

그림 5.1은 식(5-1)에 그려지는 자성체의 자화곡선(magnetization curve)이다. 강자성체가 상자성체나 반자성체와 본질적으로 구별되는 것은 자계에 의한 자화의 세기가 간단한 비례관계가 아닌 복잡한 관계를 나타내는 것이다. 즉, 그림 5.1에서 보는 바와 같이 자화의 세기가 어느 한계까지는 선형 비례하지만 그 이상에 대해서는 증가 없이 포화현상을 보인다.

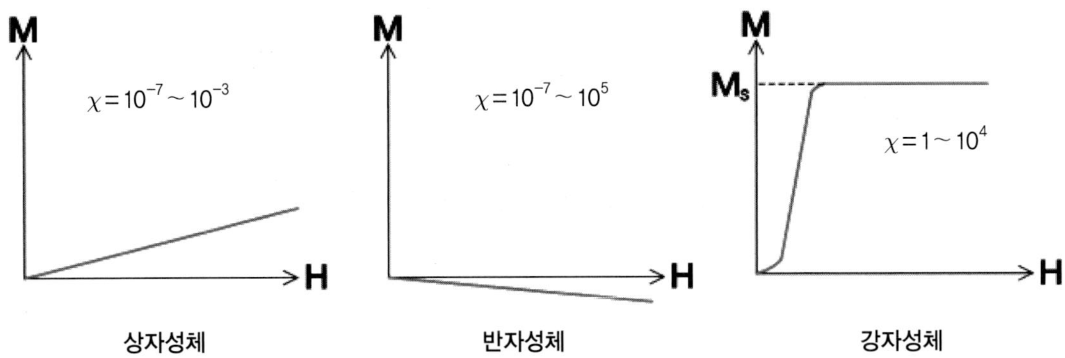

그림 5.1 외부 자계(H)에 따른 자화의 세기변화(자화곡선)

뒤에서 설명하겠지만 강자성체 내의 자속밀도(magnetic flux density) $\vec{B}$는 자화의 세기 $\vec{J}$과 근사값을 갖는다. 왜냐하면 강자성체에서 자화율과 비투자율이 1에 비하여 매우 크다. 즉, $\chi \gg 1$, $\mu_r \gg 1$이므로

$$\overrightarrow{B} = \mu_0 \overrightarrow{H} + \overrightarrow{J} = \mu_0 \overrightarrow{H} + \chi \overrightarrow{H} \approx \overrightarrow{J} [Wb/m^2]$$

가 된다. 이 식의 첫 항은 유전체의 전속밀도와 전계 및 분극도의 관계인 식(4-11)과 유사함을 알 수 있다.

강자성체의 Hysteresis Loop

강자성체는 자기화에 의하여 시료의 크기가 변하는 특성을 갖는다. 특히 결정축에 대하여 자기화의 방향을 바꾸면 결정에 변형이 생긴다. 이를 자기변형이라 한다.

또한 일반적으로 강자성체는 자속의 값이 외부자계가 증가할 때와 감소할 때 그 값이 다르다. 이와 같이 자기세기가 이력에 의해 다른 값을 갖는 현상을 히스테리시스현상(hysteresis phenomenon)이라 한다.

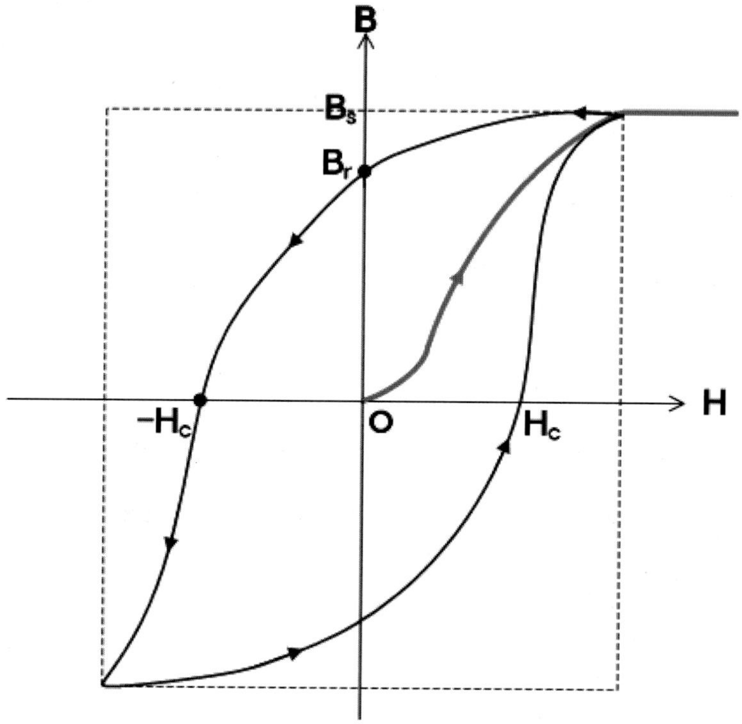

그림 5.2 강자성체에서 보이는 히스테리시스 곡선(Hysteresis loop)

그림 5.2와 같이 강자성체는 자화되지 않은 상태에서 자계를 걸어주면 자화가 일어나 서서히 자속밀도(magnetic flux density, $\vec{B}$)가 증가하고 계속해서 외부 자계의 세기를 증가시키면 결국 포화가 발생한다. 이때의 포화 자속밀도를 B_s로라 한다. 자기화가 포화상태에 도달했을 때 외부 자계를 끊어도 자속밀도 B가 0이 되지 않고 일정한 값을 유지하는데 이를 잔류자속밀도 B_r(residual magnetic flux)라 하고 B를 0이 되도록 하기위해서는 반대방향으로 자계를 인가하여야 하는 데 이것을 보자력(coercive force ; H_c)이라 한다. 다시 자계를 계속 증가시키면 반대 방향에서 포화가 발생하고 이러한 그래프는 대칭된다.

퀴리-바이스법칙(Curie-Weiss' law)

강자성체는 퀴리온도 이상에서 상자성 특성을 보이는 데 그 때의 자화율(χ)은 다음과 같은 온도의존성을 보인다.

$$\chi = \frac{C}{T-\theta_p} \qquad \text{(5-2)}$$

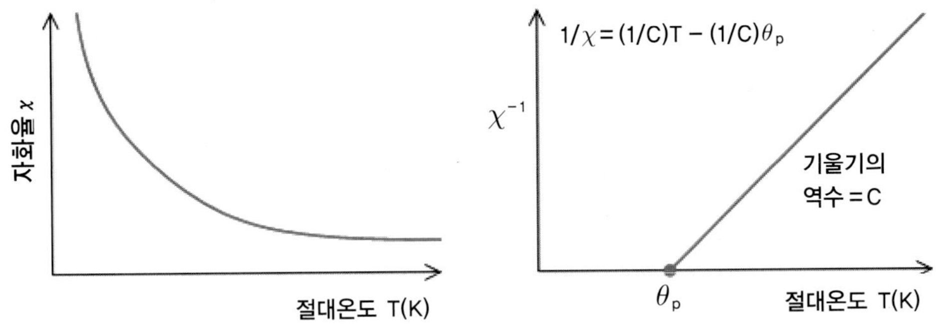

그림 5.3 Curie-Weiss 법칙에 의한 온도와 강자성체의 자화율 간 관계

식 (5-2)에서 C는 퀴리상수이며 자화율의 역수($(1/\chi)$)와 온도 그래프에서 그래프가 온도축과 만나는 절편이 퀴리온도(θ_p)가 된다.

5.2 자계에 대한 쿨롱의 법칙

자하에 의해 얻어지는 쿨롱의 법칙을 2.1절에서 설명한 전하에 의한 법칙과 동일하게 기술한다.

자기의 자기량을 자하(magnetic charge), 한 자석에서 다른 극의 영향이 서로 미치지 않는 정도의 거리의 자석을 생각하고 이때의 자극을 점자극(point magnetic pole)이라 한다.

두 점자극의 자하를 m_1, m_2라고 하고 극간 거리를 r이라 할 경우의 자기에 대한 쿨롱의 법칙을 식(5-3)으로 표현할 수 있다.

$$\overrightarrow{F} = k\frac{m_1 m_2}{r^2} a_r \qquad \text{——— (5-3)}$$

CGS 단위계

진공 중 $m_1 = m_2 = m$의 두 자하가 거리 $r = 1[cm]$을 두고 놓인 경우, 힘 $F = 1[dyne]$이 되는 m의 단위를 CGS 전자단위(emu: electro-magnetic unit)라 정의한다. 즉, CGS 단위계에서의 쿨롱의 법칙에서,

$$1[dyne] = k\frac{[emu^2]}{1[cm^2]} \Rightarrow \therefore k = 1$$

$$F = \frac{m_1 m_2}{r^2}[dyne]$$

MKSA 합리화 단위계

진공 중 $m_1 = m_2 = m$의 두 자하가 거리 $r = 1[m]$을 두고 놓인 경우, 힘 $F = 6.33\times 10^4[N]$이 되는 m의 단위를 1[Wb]라 한다. 즉,

$$1[Wb] = \frac{10^8}{4\pi}[CGS\ emu],\ k = 6.33\times 10^4$$

$$\therefore\ F = 6.33 \times 10^4 \frac{m_1 m_2}{r^2}\ [N]$$

전계 하에서와 마찬가지로 $6.33 \times 10^4 = 1/4\pi\mu_0$라 하면,

$$\mu_0 = \frac{1}{4\pi \times 6.33 \times 10^4} = 4\pi \times 10^{-7}\ [H/m]$$

가 된다. 여기서 [H]는 인덕턴스(Inductance)의 단위로 henry로 읽는다. 따라서 MKSA단위계에서 쿨롱의 힘의 법칙은 식 (5-4)로 정의할 수 있다.

$$\vec{F} = F a_r = \frac{1}{4\pi\mu_0} \frac{m_1 m_2}{r^2} a_r\ [N] \qquad (5\text{-}4)$$

여기서, μ_0를 진공의 투자율(permeability)라 한다. μ_0의 단위를 고찰하자.

$$[\mu_0] = \left[\frac{Wb^2}{Nm^2}\right] = \left[\frac{H}{m}\right]$$

ϵ_0 = 진공의 유전율 = $8.854 \times 10^{-12}\ [F/m]$

μ_0 = 진공의 투자율 = $4\pi \times 10^{-7}\ [H/m]$

동일 크기의 점자하(예, $m_1 = m_2$)가 있을 때 Q_1이 받는 힘이 $\vec{F_1}$이면 Q_2가 받는 힘은 $\vec{F_2} = -\vec{F_1}$이 되며, 이것은 부호에 무관하게 성립한다. n개의 점자하가 존재할 경우, 전체 힘은 벡터합성으로 다음 식으로 주어진다.

$$\vec{F} = \sum_{i=1}^{n} \vec{F_i}$$

연습문제

❶ 진공 중에 $1.6\times10^{-4}[Wb], 2.0\times10^{-3}[Wb]$의 두 자하에 작용하는 힘이 $12.6[N]$이라면 두 자하 사이의 거리는?

〈Ans〉 $r=0.04[m]$

❷ 진공 중에 $2.5\times10^{-5}[Wb], 4.0\times10^{-4}[Wb]$의 두 자하에 작용하는 힘이 $6.33[N]$이라면 두 자하 사이의 거리는?

〈Ans〉 $r=0.01[m]$

❸ 두 자하 간의 거리를 n배, 각 자하의 크기를 m배로 하면 힘은 초기 힘 F의 몇 배가 되는가?

〈Ans〉 $\frac{m^2}{n^2}F$

5·3 자계와 자기력선

가. 자계

자석 주위에 철편을 놓으면 자기력이 발생하는데, 이때의 공간을 자계 or 정자계(靜磁界, static magnetic field)라 하며, 자계 중에 N극의 단위 자하(1 Wb)를 놓았을 때 작용하는 힘의 크기와 방향을 그 점에서의 자계의 세기(magnetic field intensity) $\vec{H}$ 라 한다. 전계와 마찬가지로 자계와 자계의 세기는 혼용하여 사용한다. 따라서, 자계의 세기 $\vec{H}$의 단위는 $[N/Wb]$가 된다.

$$\vec{H}=\frac{\vec{F}}{m'}\left[\frac{N}{Wb}\right] \qquad \text{——— (5-5)}$$

여기서, m'은 점자하로, 전계의 세기의 정의 $\vec{E}=\vec{F}/q$와 비교 된다. 따라서 자계 내에 점자하를 놓았을 때 받는 힘은 식(5-6)으로 표현할 수 있다.

$$\vec{F}=m'\vec{H} \qquad \text{——— (5-6)}$$

H의 단위는 통상 [A/m]=[N/Wb]이다. 이것은 전계 E의 단위를 [V/m]=[N/C]로 사용하는 것과 비교된다.

> H의 CGS 단위 : $[Oe]$
>
> $1[Oe] = 1[emu]$가 작용하여 $1[dyne]$이 되는 값으로 $1[dyne/emu]$
>
> H의 MKSA 단위 : $1\left[\frac{A}{m} = \frac{N}{Wb}\right] = 4\pi \times 10^{-3}[Oe]$
>
> 왜냐하면, $1[N] = 10^5[dyne]$, $1[Wb] = 10^8/4\pi[emu]$이기 때문이다.

$F = \frac{1}{4\pi\mu_0}\frac{m_1 m_2}{r^2}$ $[N]$ 이므로, $m[Wb]$의 정 점자극에 의해 거리 $r[m]$되는 점 P에서의 자계의 세기 $H(m_1 = 1, m_2 = m)$는 식(5-7)과 같이 주어진다.

$$\overrightarrow{H} = \frac{1}{4\pi\mu_0}\frac{m}{r^2}a_r \left[\frac{N}{Wb} = \frac{A}{m}\right] \qquad \text{(5-7)}$$

식 (5-7)에서, 자계의 방향은 N극에서 반발하는 방향 또는 S극으로 향하는 방향이며, n개 자하에 의한 한 점의 자계의 세기는 벡터 합성으로 얻어진다. 즉,

$$\overrightarrow{H} = \sum_{i=1}^{n}\overrightarrow{H_i}$$

이다. 다음 그림과 같은 평등자계 중에 놓인 소자석이 받는 회전력(torque)을 생각하자.

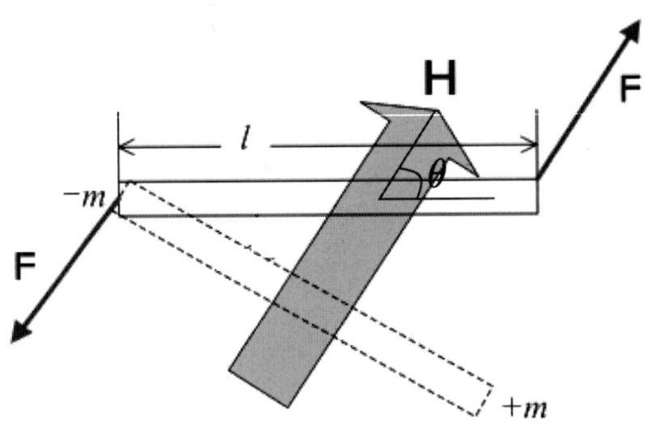

양단의 힘 $F = mH\ [N]$이고 소자석의 회전력을 T라 하면,

$$T = Fl\sin\theta = mlH\sin\theta$$

$$T = MH\sin\theta\,[Nm] \qquad \text{(5-8)}$$

$$\overrightarrow{T} = \overrightarrow{M} \times \overrightarrow{H}$$

여기서, $M = ml\,[Wb\,m]$가 자기쌍극자 모멘트이다. 자기쌍극자(magnetic dipole)란 전기쌍극자와 마찬가지로 동일 크기의 ±자하가 매우 짧은 길이 l을 가지는 자석. 즉 분자자석 등의 경우를 말한다. 이때의 모멘트를 자기쌍극자 모멘트(magnetic dipole moment, M)라 한다. 일반적으로 미소길이 개념을 사용하여 $M = m\,\Delta l$ 로 표시한다.

아래 그림과 같이 길이 $l[m]$, 자하 $\pm m\,[Wb]$의 미소 막대자석에 대해 자축 상 점 A와 자축에 대한 수직 2등분선상의 점 B에서의 자계의 세기를 각각 구해 보자.

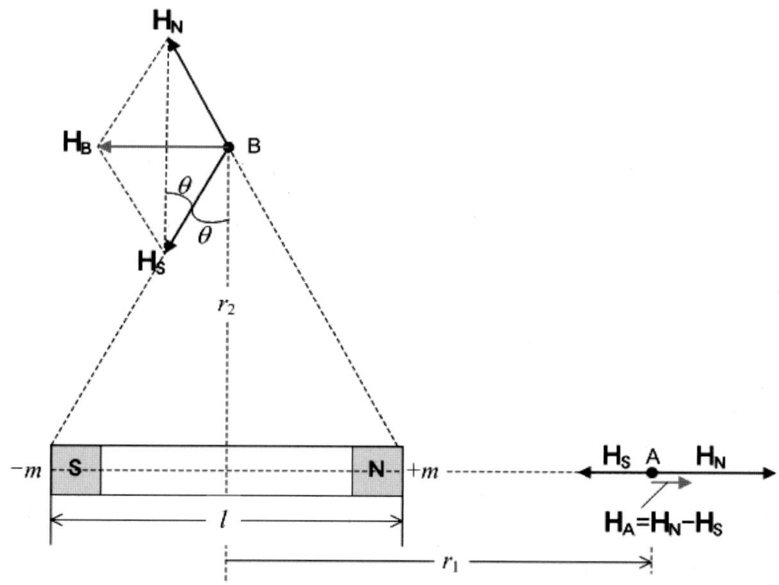

$$H_A = H_N - H_S = \frac{1}{4\pi\mu_0}\left\{\frac{m}{(r_1 - \frac{l}{2})^2} - \frac{m}{(r_1 + \frac{l}{2})^2}\right\}$$

$$= \frac{1}{4\pi\mu_0}\frac{m[(r_1 + \frac{l}{2})^2 - (r_1 - \frac{l}{2})^2]}{(r_1 - \frac{l}{2})^2(r_1 + \frac{l}{2})^2} = \frac{1}{4\pi\mu_0}\frac{2mr_1 l}{\left(r_1^2 - (\frac{l}{2})^2\right)^2}$$

$$= \frac{1}{4\pi\mu_0}\frac{2r_1 M}{\left(r_1^2 - (\frac{l}{2})^2\right)^2} \sim \frac{1}{4\pi\mu_0}\frac{2M}{r_1^3}\left[\frac{A}{m}\right] \quad (\because r_1 \gg l)$$

여기서, $M = ml$은 자기쌍극자 모멘트이다.

$$H_S = H_N = \frac{1}{4\pi\mu_0}\frac{m}{r_2^2 + (l/2)^2}$$

이므로 B점의 합성자계 $H_B = 2\,H_S \sin\theta$이 된다. 즉,

$$H_B = 2 \times \frac{1}{4\pi\mu_0}\frac{m}{r_2^2 + (l/2)^2}\frac{l/2}{\left(r_2^2 + (l/2)^2\right)^{1/2}} = \frac{1}{4\pi\mu_0}\frac{M}{\left[r_2^2 + (l/2)^2\right]^{3/2}}\,[A/m]$$

이다. 만약 $r_2 \gg l/2$ 이면, $H_B = \frac{1}{4\pi\mu_0}\frac{M}{r_2^3}\,[A/m]$으로 근사된다.

나. 자기력선

자계 내에 단위자하 (1Wb의 N극)가 아무 저항 없이 움직이는 때에 그려지는 선을 자기력선(자력선, line of magnetic force)이라한다. 자기력의 방향을 가리키며 Faraday (~1867)가 창안하였다. 자기력선은 전력선과 유사하게 다음과 같은 성질을 갖는다.

❶ 자력선의 방향은 N극에서 나와 S극에서 그친다.

❷ 자력선은 자체가 장력을 포함하여 줄어들으려는 성질을 갖는다.

❸ 자력선은 교차하지 않는다.

전력선 밀도가 주어진 점에서의 전계의 세기와 동일한 물리량을 의미하는 것과 같이 자력선 밀도 즉, 단위면적을 통과하는 자력선의 수 $[lines/m^2]$를 그 점의 자계의 세기 H로 정의한다. 즉, 자계의 세기를 다른 말로 자력선 밀도로 정의한다.

$$H\left[\frac{lines}{m^2}\right] = H\left[\frac{A}{m}\right] \qquad \text{(5-9)}$$

공간상의 면적을 수직으로 통과해 나아가는 자력선의 총수를 "(자력)선속 [lines]"이라한다. 그림 5.4(a)에서 보는 바와 같이 미소면적 $dS[m^2]$을 통해 나가는 선속 $dN[lines]$을 생각하자. 이때 자계(선속밀도) $\vec{H}$와 미소면적 dS가 수직이므로 통과해 나아가는 선속은

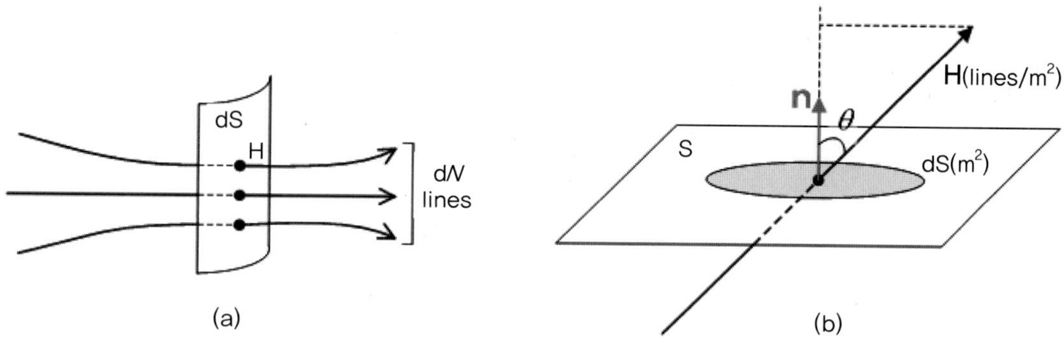

그림 5.4 자계와 자력선속

$$dN = H\,dS \text{ [lines]} \qquad \text{——— (5-10)}$$

이 된다. 그림 5.4(b)에서처럼 자계 $\vec{H}$와 미소면적 dS가 수직이 아닌 경우의 총 선속 N을 구해 보자. 전자기학에서 미소면적은 벡터로 고려하며 방향은 면과 수직한 법선방향이 된다. 따라서 법선단위벡터를 이용하여 $d\vec{S} = \hat{n}dS$로 표현할 수 있다.

그림 5.4(b)에서 미소면적을 수직으로 나가가는 선속밀도 dN은 "H의 법선성분"이므로 $H\cos\theta\,dS = \vec{H} \cdot \hat{n}dS = \vec{H} \cdot d\vec{S}$이 된다. 따라서 총 선속은 식(5-11)과 같이 다양한 형태로 표현될 수 있다.

$$N = \int_S dN = \int_S H\cos\theta\,dS = \int_S \vec{H} \cdot \hat{n}dS = \int_S \vec{H} \cdot d\vec{S} \text{ [lines]} \qquad \text{——— (5-11)}$$

5.4 자화의 세기와 자속밀도

가. 자화의 세기

자석(자성체)을 세분하면 미소한 소자석으로 분리되는 데 이를 분자자석이라 한다. 따라서 하나의 자석은 미소한 분자자석의 규칙적 배열로 형성된다고 볼 수 있다. 이러한 분자자석의 생성은 구성원자 핵 주위의 전자들에 의한 공전과 스핀에 의한 결과이다.

자성체 외부에 자계를 인가하면 자성체는 자화가 발생된다. 이 때 자화의 정도를 나타내는 벡터를 자화의 세기(magnetization or intensity of magnetization) $\vec{J}$, $\vec{M}$로 정의한다. 자화의 세기는 유전체의 분극도와 비교되는 자성체 양단면의 『단위면적에 발생된 유도자하의 양』을 자화의 세기로 정의한다.

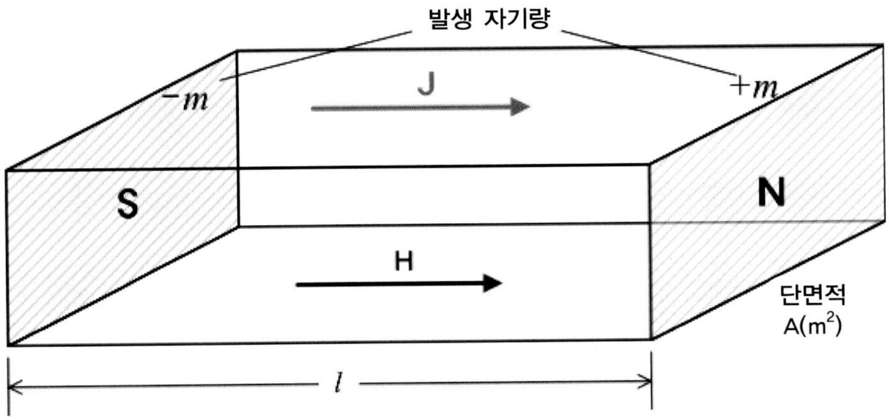

그림 5.5 외부자계와 자화의 세기. 자성체의 단면적은 A[m^2]이고 발생 자기량은 $\pm m$[Wb]이다.

대부분의 자성체(반자성체 제외)의 경우 자화의 방향은 S→N으로 외부 자계의 방향과 일치하여 자화가 일어난다.

$$J = \frac{m}{A}\left[\frac{Wb}{m^2}\right] \qquad (5\text{-}12)$$

식(5-12)의 분자 분모에 각각 길이 l을 곱하면 분모는 총 체적, 분자는 자기쌍극자 모멘트에 해당한다. 즉,

$$J = \frac{ml}{Al} = \frac{M}{v}$$

이 된다. 이를 벡터로 표현하면 식 (5-13)과 같이 자화의 세기는 『단위체적당의 자기쌍극자모멘트』로 정의될 수 있다.

$$\vec{J} = \frac{m\vec{l}}{v} = \frac{\vec{M}}{v} \qquad \text{——— (5-13)}$$

자화의 세기(또는 자화도)와 자계간의 관계는 식(5-14)을 따른다.

$$\vec{J} = \chi \vec{H} \qquad \text{——— (5-14)}$$

여기서, χ는 자화율(magnetic susceptibility)이며, 비자화율(relative magnetic susceptibility) χ_r과 함께 $\chi = \mu_0 \chi_r$로 정의하며, 비자화율은 상자성, 강자성체에 대하여 양의 값, 반자성체에 대하여 음의 값을 갖는다.

나. 자속밀도

외부자계 $\vec{H}$ [A/m]가 자성체에 주어진 경우 자화의 세기(자화도) $\vec{J}$ [Wb/m^2]가 발생한다. 자성체의 벡터계는 외부 자계와 자화도가 서로 공존하는 형태이다. 따라서, 이들을 서로 합성한 크기로 표현하는 것이 편리하다. 이에 새로운 벡터 물리량 B를 도입한다.

$$\vec{B} = \mu_0 \vec{H} + \vec{J} \qquad \text{——— (5-15)}$$

B를 자속밀도(magnetic flux density) 또는 자기유도라 한다. 식 (5-15)에서 H에 μ_0를 곱한 것은 식 좌우의 단위를 통일하기 위한 것으로 D, E, P간 관계식인 식(4-11)과 유사하다.

〈저속밀도 B의 단위〉

- **MKSA단위계 : [Wb/m^2] = [T]**
- **CGS, Gaussian 단위계 : [Mx/cm^2] = [G]**
- **1[T] = 1[Wb/m^2] = 10^8[Mx] / 10^4[cm^2] = 10^4 [G]**
- **자속(magnetic flux)단위 : 1 Wb (MKSA) = 10^8 Mx (CGS, Gaussian)**

상(강)자성체에서는 H와 J는 같은 방향이다. 따라서,

$$\vec{B} = \mu_0 \vec{H} + \vec{J} \quad [\mathrm{T}]$$

$$\vec{B} = \mu_0 \vec{H} + \chi \vec{H} = (\mu_0 + \chi) \vec{H}$$

$$\therefore \ \vec{B} = \mu \vec{H} \tag{5-16}$$

표 5.1 여러 자성체의 비자화율

자성체	비자화율 $\chi_r (= \mu_r - 1)$
Al_2O_3	-0.5×10^{-5}
$BaCl_2$	-2.0×10^{-5}
NaCl	-1.2×10^{-5}
diamond	-2.1×10^{-5}
graphite	-1.2×10^{-5}
Cu	-0.9×10^{-5}
Au	-3.6×10^{-5}
Ge	-0.8×10^{-5}
Si	-0.3×10^{-5}
Se	-1.7×10^{-5}
$CrCl_3$	1.5×10^{-3}
Cr_2O_3	1.7×10^{-3}
CoO	5.8×10^{-3}
$CoSO_4-H_2O$	2.0×10^{-3}
$MnSO_4$	3.6×10^{-3}
Fe_2O_3	1.4×10^{-3}
$Fe_2(SO_4)_3$	2.2×10^{-3}
$FeCl_2$	3.7×10^{-3}
$FeSO_4$	2.8×10^{-3}
$NiSO_4$	1.2×10^{-3}
Fe(max)	5000
4%Si−Fe(max)	7000
Mumetal(max)	10^5
Pt−Co(max)	8×10^6

진공 중(자성체가 없는 경우)에서,

$$\therefore\ \vec{B} = \mu_0 \vec{H} \qquad \text{——— (5-17)}$$

식(5-16)을 이용하여 자화율과 투자율간의 관계는 다음과 같이 정의할 수 있다.

$$\mu = \mu_0 \mu_r = \mu_0 + \chi\ [H/m]$$

$$\mu_r = \frac{\mu}{\mu_0} = 1 + \frac{\chi}{\mu_0} = 1 + \chi_r \qquad \text{——— (5-18)}$$

여기서 μ_r은 비투자율 (relative permeability)로 비자화율은 비투자율 보다 1이 작은 값으로 주어진다. 즉, $\chi_r = \mu_r - 1$. 표 5.1은 다양한 자성체의 비자화율을 보인다. 음의 값은 반자성체, 양의 작은 값은 상자성체, 양의 큰 값이 강자성체에 대한 것이다.

예제

$\vec{B} = \mu_0 \vec{H}$의 단위가 [Wb/m^2]임을 증명하라.

μ_0의 단위 = [H/m]

[H(henry)] = [Wb/A]

자계의 세기 H의 단위 : 정자계에서 [N/Wb]

전류에 의한 자계에 대해 [A/m]

$$\therefore\ [B] = \left[\frac{Wb}{A}\right]\left[\frac{1}{H}\right] \times \left[\frac{A}{m}\right] = \left[\frac{Wb}{m^2}\right]$$

자속밀도 $\vec{B}$의 방향으로 그려지는 선을 자속선(磁束線, line of magnetic flux)이라 한다. 자력선밀도가 자계와 동일한 물리량인 것처럼 자속선밀도는 자속밀도와 동일하다. 즉,

자속선 밀도 [lines/m^2] = 자속밀도 B [Wb/m^2]

자속밀도 B에 대해 미소면적 dS가 수직으로 놓인 경우 면을 통해 나가는 총 자속선수(=자속) $d\phi_B$는 식(5-19)로 주어진다.

$$d\phi_B = BdS \text{ [lines = Wb]} \qquad \text{(5-19)}$$

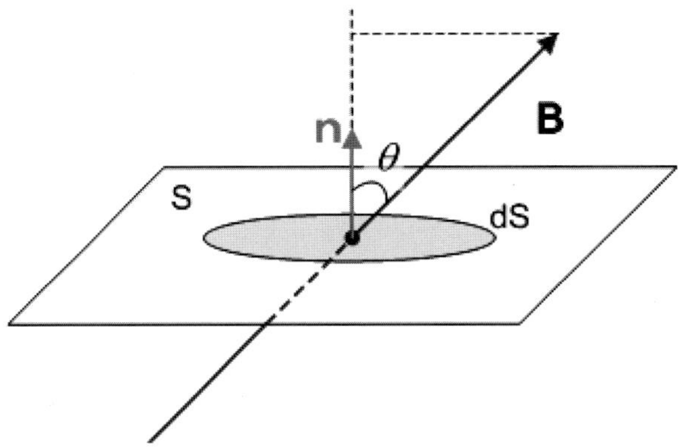

그림 5.6 자속(선) 밀도 B

그림 5.6과 같이 B가 dS에 수직이 아닌 경우의 총 자속 ϕ_B는 식(5-20)과 같다.

$$\phi_B = \int_S B\cos\theta\, dS = \int_S \vec{B} \cdot \hat{n}\, dS = \int_S \vec{B} \cdot d\vec{S} \text{ [lines=Wb]} \qquad \text{(5-20)}$$

m[Wb]의 N극에서 발산하는 총 자속선 ϕ_B를 고려하자.

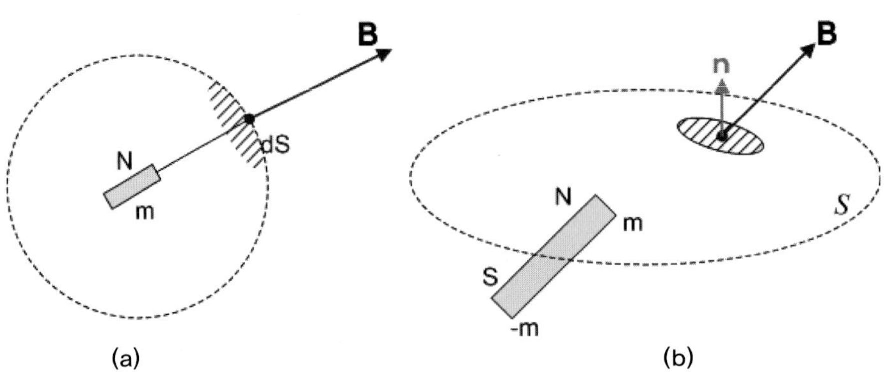

그림 5.7 자속밀도에 대한 가우스법칙, 발산정리에 의한 자속선의 연속성

그림 5.7(a)와 같은 경우 ϕ_B는 m을 중심으로 하는 반경 r[m]의 구면상(가우스면)의 자속밀도 B[lines/m^2]의 적분값이 된다. 즉,

$$\phi_B = \oint_S \vec{B} \cdot n\,dS = B4\pi r^2 = \mu_0 H 4\pi r^2$$

$$= \mu_0 \frac{1}{4\pi\mu_0}\frac{m}{r^2}\,4\pi r^2$$

$$\therefore\ \phi_B = m\ \ [\text{Wb = lines}]$$

이 관계식은 임의의 폐곡면에 대해 성립한다. 그러나, 그림 5.7(b)와 같이 N극만 단독으로 존재할 수 없다. 항상 N, S 극이 공동으로 존재한다. 즉, 폐곡면 내에는 +m, −m[Wb]가 동시에 발생하여 결국 상쇄된다. 따라서,

$$\oint_S \vec{B} \cdot \hat{n}dS = 0$$

이것은 폐곡면 S를 통하여 나가는 자속선이 존재하지 않는다는 것을 나타내며, 실제적으로 폐곡면을 통하여 나가는 자속과 들어오는 자속이 같다는 것을 의미한다.

이 식에 벡터에 대한 발산정리를 적용하자. 즉, 임의의 폐곡면을 통해 수직으로 나가는 자속선의 총화는 그 체적을 미소하게 분해 각 미소체적에서 발산하는 자속성의 체적밀도와 같다. 따라서,

$$\oint_S \vec{B} \cdot \hat{n}dS = \int_v \nabla \cdot \vec{B}\,dv = 0$$

이므로 자속밀도 발산에 대한 미분식인

$$\nabla \cdot \vec{B} = 0 \qquad \text{——— (5-21)}$$

가 얻어진다. 식(5−21)이 Maxwell 방정식의 하나이며 이것은 자속밀도의 발산은 0으로 자

속선은 항상 연속으로 폐곡면을 형성한다는 것을 의미한다.

예제

자력선수와 자속선수의 관계를 설명하라.

자력선 밀도 = H [lines/m^2]

자속선 밀도 = B [lines/m^2]

진공 중에서 $B=\mu_0 H,\ H=\dfrac{B}{\mu_0}$

1[line]의 자력선은 $4\pi\times10^{-7}(=\mu_0)$의 자속선에 대응

1[line]의 자속선은 $\dfrac{1}{\mu_0}=\dfrac{10^7}{4\pi}$ [lines]의 자력선에 대응한다.

예제

진공 중의 H=12 [A/cm]의 자계와 30° 의 각을 이루는 면적 20×40 [cm^2]의 coil을 지나는 자속을 구하라.

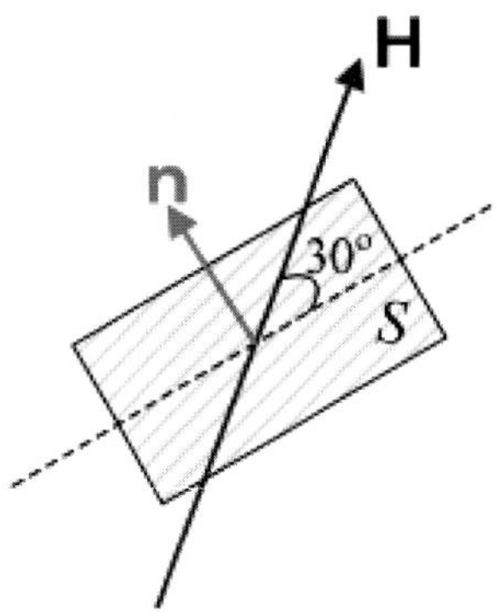

$H = 1.2\times10^3$ [A/m = lines/m^2]

$B = \mu_0 H = 4\pi\times10^{-7}\times 1.2\times10^3$
$= 1.5\times10^{-3}\,[Wb/m^2]$

코일면적

$S = 20\times40\times10^{-4} = 8\times10^{-2}[m^2]$

$$\therefore \oint_S \vec{B}\cdot\hat{n}dS = B\cos60^o S$$

$$= 0.75\times10^{-3}\times8\times10^{-2} = 6\times10^{-5}[\text{lines}] = 60\,[\mu Wb]$$

예제

위의 예제에서 만약 코일 속에 강자성체(ferrite $\mu_r = 1000$)가 채워져 있다면 강자성체를 지나는 자속은 얼마인가?

$$B = \mu_0 \mu_r H = 1.5 \ [\mathrm{Wb}/m^2 = \mathrm{lines}/m^2]$$

$$\therefore \ \phi_B = 6 \times 10^{-2} \ [\mathrm{lines}] = 60\,[m\,Wb]$$

즉, 같은 자계에 대해 자속이 진공 중의 경우보다 자성체가 첨가된 경우 자속은 μ_r배로 증가한다.

5.5 자기퍼텐셜

전기현상에서 전위(전기 퍼텐셜, electric potential, V)와 마찬가지로 자기현상에서도 자위(자기 퍼텐셜, magnetic potential, U) 개념을 도입한다.

단위 정자극 (N의 1[Wb])을 자계 H와 반대방향으로 dl 만큼 이동하였을 때 소요되는 일의 표현식은 다음과 같다.

$$dU = -\vec{H} \cdot d\vec{l}$$

$$\left[\frac{N}{Wb}\right][m] = \left[\frac{J}{Wb}\right] = [A] = [A\,T]$$

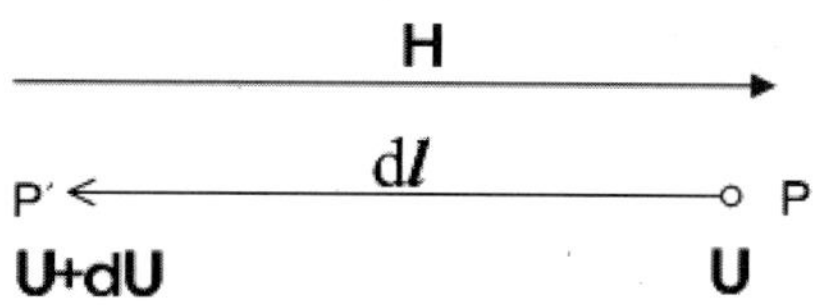

그림 5.8 자계 하에서의 일과 자기퍼텐셜(U)

이때, 점 P'은 P보다 자기적 위치에너지(자기퍼텐셜) dU 만큼 높아진다. 만약, H와 dl이 각 θ를 가진다면,

$$dU = -(H\cos\theta)dl = -H_l dl$$

이므로 H의 dl성분인 $H_l = -dU/dl$이다. 즉, 어느 점이든 H_l은 그 점의 퍼텐셜 경도에 −를 곱한 것과 같다. 이러한 관계는 정전계와 마찬가지로 다음과 같은 경도조건이 성립한다.

$$\vec{H} = -\nabla U$$

전위와 마찬가지로 임의 점 a, b 간의 자위차는

$$U_{ab} = -\int_b^a \vec{H} \cdot d\vec{l}\ [A] \qquad (5-22)$$

으로 정의된다. $U_{ab} > 0$이면, a 점의 자기퍼텐셜은 b점보다 높고 이러한 퍼텐셜차를 만드는 힘을 기자력(magnetic motive force)이라 한다. 또한, 자계 내의 한 점 P의 자위는 단위 점자극을 ∞로부터 P점까지 운반하는데 소요된 에너지로 정의한다. 즉,

$$U_P = -\int_\infty^P \vec{H} \cdot d\vec{l}\ [A] \qquad (5-23)$$

여기서, −부호는 외부에서 에너지 공급받아 자위가 높아짐을 의미한다. 따라서, 식 (5-23)의 계산 결과가 +이면 자위가 높아짐 의미하며, −이면 자위가 낮아짐 의미(외부에로 일을 함)한다.

예제

점자극 m[Wb]으로부터 r[m] 떨어진 점 P의 자기퍼텐셜을 구하라.

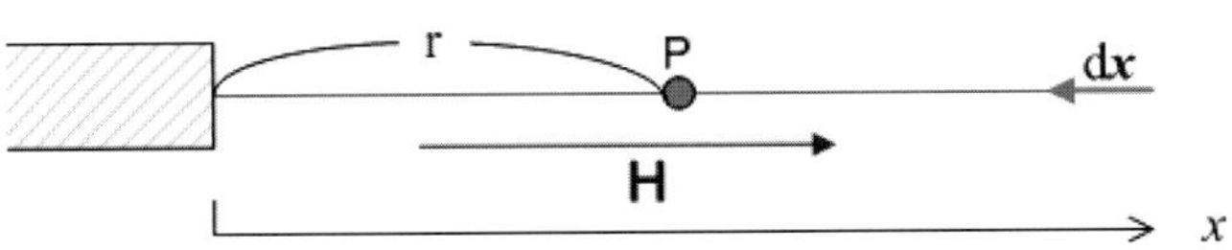

$$U = -\int_\infty^r \vec{H} \cdot d\vec{x} = -\int_\infty^r \frac{1}{4\pi\mu_0}\frac{m}{x^2}dx = \left[\frac{1}{4\pi\mu_0}\frac{m}{x}\right]_\infty^r$$

$$\therefore\ U = \frac{1}{4\pi\mu_0}\frac{m}{r}\ [A] \qquad (5-24)$$

공기 중에 여러 개의 점자극 $m_1, m_2, m_3 \cdots m_n$[Wb]이 존재할 경우, 자계 내의 한 점에서의 자기퍼텐셜은 스칼라이므로 식 (5-25)와 같이 산술적인 합으로 얻어진다.

$$\therefore U = \frac{1}{4\pi\mu_0}\sum_{i=1}^{n}\frac{m_i}{r_i}[A] \qquad \text{(5-25)}$$

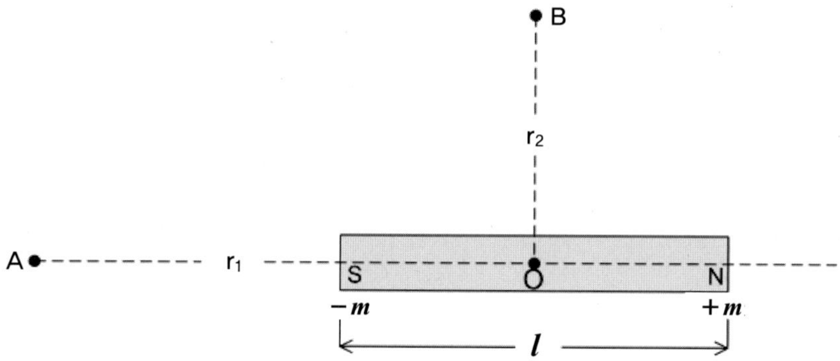

그림 5.9 소자석에 대한 자축상의 한 점과 이에 수직인 점에서의 자기퍼텐셜

그림 5.9와 같은 소자석에 의한 점 A와 점 B의 자기퍼텐셜 U_A, U_B를 구해 보자.

$$U_A = \frac{1}{4\pi\mu_0}\left(\frac{-m}{r_1} + \frac{m}{r_1+l}\right) = \frac{1}{4\pi\mu_0}\left(\frac{-ml}{r_1(r_1+l)}\right)\ \text{[A]}$$

여기서, ( )안의 −는 단위 점자극을 무한원으로부터 운반 시, 자계가 일을 함으로 자기퍼텐셜이 낮아진 상태를 의미한다.

$$U_B = \frac{1}{4\pi\mu_0}\left(\frac{m}{NB} - \frac{m}{SB}\right) = 0$$

5.6 자기쌍극자

실제적으로 자계를 고려할 때 정, 부자하를 분리하여 생각하는 것은 불가능하다. 미소자석이라 하더라도 정, 부자하를 동시에 가지고 있기 때문이다. 크기가 같고 부호가 서로다른 두 점자하가 미소 거리 l 떨어져 존재하는 것을 자기쌍극자(magnetic dipole)라 한다. 이는 앞서 설명한 2.4절의 전기쌍극자와 매우 유사하다. 그림 5.10과 같은 자기쌍극자를 고려하자.

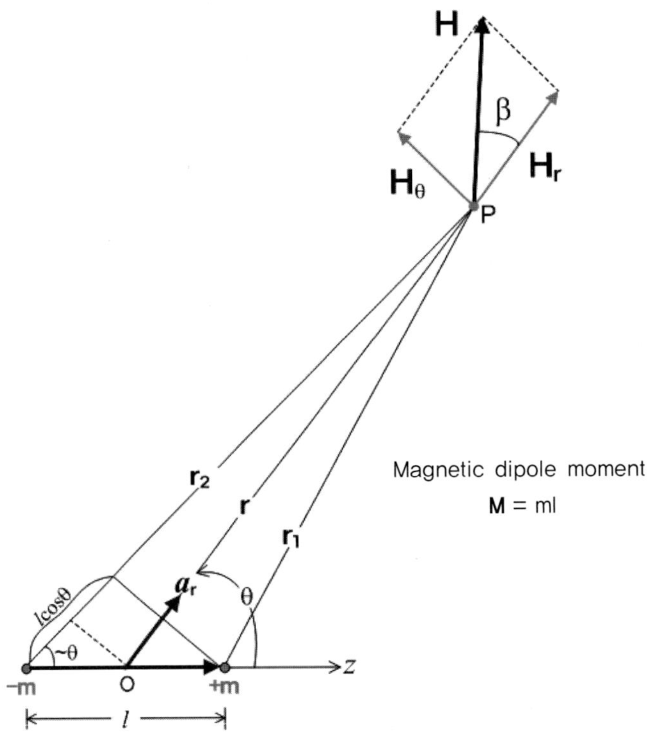

그림 5.10 공기 중에 놓인 자기쌍극자에 의한 P점에서의 자계

좌표(구)상 임의의 점 P에서의 자기퍼텐셜 U와 자계 H를 구하자. −m와 +m이 미소 간격 l을 두고 존재하며, P점간의 거리는 각각 r_2, r_1 이다. P점의 자기퍼텐셜은

$$U = \frac{m}{4\pi\mu_0}\left(\frac{1}{r_1} - \frac{1}{r_2}\right) \qquad \text{(5-26)}$$

이다. 일반적으로 자기쌍극자의 간격에 비하여 고찰 점의 거리가 매우 크므로($r \gg l$) 위식은 식(5-27)과 같이 자기쌍극자 모멘트 M 및 r의 함수로 근사될 수 있다. 즉,

$$r_1 = r - \frac{l}{2}\cos\theta,\ r_2 = r + \frac{l}{2}\cos\theta$$

이므로

$$U = \frac{m}{4\pi\mu_0}\left(\frac{1}{r - \frac{l}{2}\cos\theta} - \frac{1}{r + \frac{l}{2}\cos\theta}\right)$$

$$= \frac{m}{4\pi\mu_0}\left(\frac{l\cos\theta}{r^2 - \left(\frac{l}{2}\cos\theta\right)^2}\right) = \frac{ml\cos\theta}{4\pi\mu_0 r^2} = \frac{M\cos\theta}{4\pi\mu_0 r^2}\,[A]$$

이 되어, 자기퍼텐셜은 식(5-27)로 정의될 수 있다.

$$U = \frac{M\cos\theta}{4\pi\mu_0 r^2} = \frac{\overrightarrow{M} \bullet a_r}{4\pi\mu_0 r^2}\,[A] \qquad \text{——— (5-27)}$$

P점의 자계는 두 점자하에 의한 벡터합성으로 좌표계를 고려하여야 하며 직각좌표계 보다는 구좌표계를 사용하는 것이 용이하다. P점의 자위를 구좌표계 함수 $U(r, \theta, \phi)$와 연관시키고 자위경도를 구하므로 다음과 같이 자계를 구할 수 있다. 여기서 U는 r, θ 함수이므로 ϕ에는 독립임을 알 수 있다.

$$H(r,\theta,\phi) = -\nabla U(r,\theta,\phi) = -\left(\frac{\partial U}{\partial r}a_r + \frac{1}{r}\frac{\partial U}{\partial \theta}a_\theta + \frac{1}{r\sin\theta}\frac{\partial U}{\partial \phi}a_\phi\right)$$

$$\overrightarrow{H} = H_r a_r + H_\theta a_\theta\ [A/m]$$

자계의 r, θ 성분은

$$H_r = -\frac{\partial U}{\partial r} = \frac{2M\cos\theta}{4\pi\mu_0 r^3},\quad H_\theta = -\frac{1}{r}\frac{\partial V}{\partial \theta} = \frac{M\sin\theta}{4\pi\mu_0 r^3}$$

이다. 합성 자계의 크기는 $\sin^2\theta = 1 - \cos^2\theta$이므로 식(5-28)과 같이 표현될 수 있다.

$$H = \sqrt{H_r^2 + H_\theta^2} = \frac{M}{4\pi\mu_0 r^3}\sqrt{4\cos^2\theta + \sin^2\theta} \qquad \text{—— (5-28)}$$

$$= \frac{M}{4\pi\mu_0 r^3}\sqrt{1 + 3\cos^2\theta}\left[\frac{A}{m}\right]$$

또한, 그림 5.10에서 보는 바와 같이 H_r과 H가 이루는 각도인 β는 다음과 같이 정의할 수 있다.

$$\tan\beta = \frac{H_\theta}{H_r} = \frac{1}{2}tan\theta$$

5.7 자성체 경계조건

앞에서 유전체에 대한 전계, 전속밀도의 경계조건을 다루었기 때문에 두 자성체 계면에서 자계, 자속밀도의 경계조건 및 굴절법칙을 쉽게 얻을 수 있다. 이것은 전기기기의 효율적 설계에 중요하다.

투자율 μ_1, μ_2인 두 균일, 등방의 자성체가 접하여 있는 경우($\mu_1 > \mu_2$)에 대해 두 경계조건은 그림 5.11과 같다.

이와 같은 자성체에 대한 경계조건을 이용하여 식(5-29)와 같은 자성체에서의 굴절법칙을 유도할 수 있다.

자력선, 자속선에 대해 $B_1\cos\theta_1 = B_2\cos\theta_2$, $H_1\sin\theta_1 = H_2\sin\theta_2$, $B_1 = \mu_1 H_1$, $B_2 = \mu_2 H_2$ 이므로, $\mu_1 H_1\cos\theta_1 = \mu_2 H_2\cos\theta_2$이고 $H_1 = \dfrac{\mu_2\cos\theta_2}{\mu_1\cos\theta_1}H_2$이다. 이것을 $H_1\sin\theta_1 = H_2\sin\theta_2$에 대입하여 정리하면 다음과 같다.

$$\frac{\mu_2 \cos\theta_2}{\mu_1 \cos\theta_1} H_2 \sin\theta_1 = H_2 \sin\theta_2$$

$$\Rightarrow \frac{\sin\theta_1/\cos\theta_1}{\sin\theta_2/\cos\theta_2} = \frac{\mu_1}{\mu_2}$$

$$\frac{\tan\theta_1}{\tan\theta_2} = \frac{\mu_1}{\mu_2} \qquad (5-29)$$

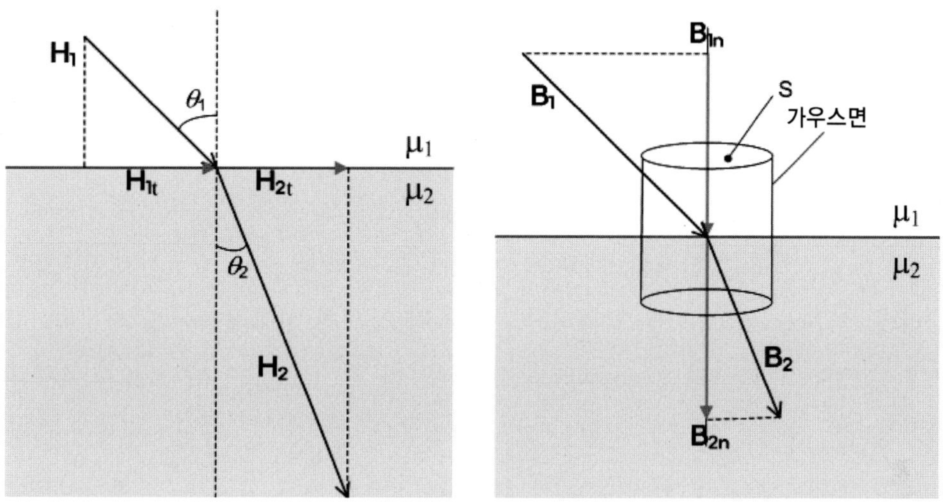

그림 5.11 자성체의 경계조건

경계조건 1)

자계의 접선성분의 연속성

$$H_{1t} = H_{2t}$$

$$H_1 \sin\theta_1 = H_2 \sin\theta_2$$

$$\hat{n} \times \overrightarrow{H_1} = \hat{n} \times \overrightarrow{H_2}$$

경계조건 2)

자속밀도의 볍선 성분의 연속성

$$B_{1n} = B_{2n}$$

$$B_1 \cos\theta_1 = B_2 \cos\theta_2$$

$$\hat{n} \cdot \overrightarrow{B_1} = \hat{n} \cdot \overrightarrow{B_2}$$

[제6장]

전류와 자기작용

먼저 전류의 자기작용에 대한 역사적 배경을 알아보자. 처음으로 전류의 자기작용을 발견한 사람은 Oersted(덴마크 1820)로 그는 자침이 전류에 의해 움직인 다는 것을 실험적으로 입증하였다. 이 이전까지는 실제로 정상전류를 흐르게 하는 축전기가 없었으나 1799년 이태리의 A. Volta가 전지를 발명하므로 전류와 자기의 상호작용이 알려지기 시작했다. 약 2년 후, 프랑스의 Biot와 Savart에 의하여 무한히 긴 직선 도선에 전류가 흐를 때 이것으로부터 생기는 자계를 체계화시켰다. 그리고 전류가 흐르는 두 직선도체사이에 작용하는 힘의 법칙과 환원도체에 의한 자계의 세기를 실험적으로 얻고 이를 공식화한 사람은 프랑스의 A. M. Ampere이다. 그로부터 9년 후 영국의 M. Faraday(1791-1861)에 의해 1831년 8월 전자유도에 대한 획기적인 실험이 행하여 졌다. 이 실험은 미국의 J. Henry에 의해 거의 동시에 발견되었으나 Faraday에 의해 먼저 논문이 발표되므로 이 전자유도법칙을 Faraday의 법칙이라 한다. 그 후 1873년 영국 사람인 J. C. Maxwell에 의해 전자파에 대한 이론이 세워졌으며, 독일인인 H. R. Hertz에 의해 전자파에 대한 최초의 실험이 성공하였다.

본 장에서는 전류의 개념과 전류의 자기작용에 대한 Biot-Savart 법칙, 앙페르의 주회적분(周回積分法則) 및 오른손 법칙(Ampere's right hand rule) 등을 설명할 것이다.

6.1 전류와 전류밀도의 개념

전하들의 운동으로 전류가 형성이 되는데, 전류는 시간당 흐른 전하량으로 단위는 암페어(Ampere, A)라 하며, 1[A]는 한 기준점 또는 기준면을 1초에 1[C]의 비율로 전하가 통과함을 의미한다.

$$I = \frac{dQ}{dt} \qquad \text{——— (6-1)}$$

A/m^2인 단위를 갖는 전류밀도(current density)는 벡터양으로 통상적으로 $\vec{J}$로 표시하며, 전류밀도가 미소면적 ΔS를 통과할 경우의 전류의 증분 ΔI는 식 (6-2)로 주어진다. 여기서 J_n은 전류밀도의 법선 성분(면과 수직)이다.

$$\Delta I = J_n \Delta S \qquad \text{——— (6-2)}$$

전류밀도와 면적 ΔS가 직각이 아닌 경우에 ΔI는 벡터의 내적으로 주어진다. 즉,

$$\Delta I = \vec{J} \cdot d\vec{S} = \vec{J} \cdot \hat{n}\, dS \qquad \text{——— (6-3)}$$

로 표시되며, 위의 식을 적분을 하여 총 전류를 구하면, 식(6-4)와 같다.

$$I = \int \vec{J} \cdot d\vec{S} \qquad \text{——— (6-4)}$$

그림 6.1(a)에서 미소전하량 $\Delta Q = \rho_v \Delta S \Delta L$가 (b)에 표시한 바와 같이 미소시간 Δt 동안에 Δx 만큼 이동하였다면, 이동방향에 수직인 기준면을 미소시간 Δt 동안 통과한 전하량은 $\Delta Q = \rho_v \Delta S \Delta x$가 된다. 여기서 ρ_v는 체적전하밀도이다. 따라서 ΔS면을 통과해서 흐르는 전류는 식 (6-5)와 같다.

$$\Delta I = \frac{\Delta Q}{\Delta t} = \frac{\rho_v \Delta S \Delta x}{\Delta t} \qquad \text{——— (6-5)}$$

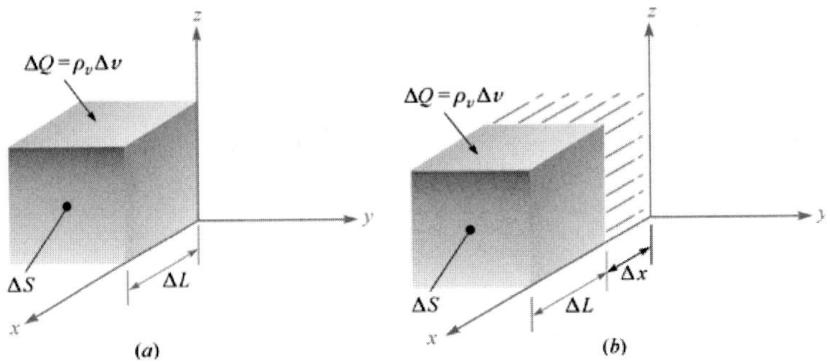

그림 6.1 시간 Δt사이에 미소전하량 $\Delta Q(=\rho_v \Delta S \Delta L)$가 거리 Δx 만큼 이동하는 경우 $J_x = \rho_v v_x$의 전류밀도를 야기함. 여기서 ρ_v는 체적전하밀도[전하량/체적], Δv는 미소체적, v_x는 x방향 속도임.

시간에 대해 극한값을 취하하고 전류밀도를 구하면 식 (6-6)과 같이 표현된다.

$$\Delta I = \rho_v \Delta S \, v_x$$

$$\vec{J} = \rho_v \, \vec{v} \, \left[\frac{C}{cm^3} \frac{cm}{s} \right] \qquad (6\text{-}6)$$

식 (6-6)은 전하의 운동이 전류를 일으킨다는 것을 보여주며, 음극선관의 전자빔이 이러한 종류의 전류에 해당하는데, 이를 대류전류(對流電流, convection current)라 하며 $\vec{J}$ 또는 $\rho_v \vec{v}$는 대류전류밀도라 한다.

대류전류 이외에 금속도체와 같은 고체 내의 전하운반자(자유전자 등)가 전계에 의해 이동하여 형성되는 가장 기본이 되는 전류는 전도전류(傳導電流, conduction current)라하고, 커패시터 내에 흐르는 전류를 변위전류(變位電流, displacement current), 유전체의 분극작용은 전하의 이동효과를 동반하며 이러한 전류를 분극전류(分極電流, polarization current)라 한다.

가. 변위전류와 분극전류

전지, 스위치와 직렬로 연결된 커패시터를 생각하자. 스위치 ON 순간 전지와 커패시터 연결 도선에는 전지의 +극에서 −극으로 전도전류가 흐른다. 실제 커패시터 내부에는 고절

연의 유전체로 인해 회로가 오픈상태이어서 전도 및 대류전류는 거의 존재하지 않는다. 그러나 커패시터가 충전 및 방전되는 순간에는 도선을 통해 전도전류가 흐르며 커패시터 내에는 이에 상응하는 전계의 시간적 변화가 일어난다. 그래서 마치 커패시터를 통해 전류가 흐르는 것처럼 된다. 이와 같이 전하가 커패시터를 통해 실질적으로 흐르지는 않고 단지 커패시터 양단에 유도전하의 축적이 시간에 따라 변하므로 내부에 전속밀도 D의 시간적 변화가 일어나게 된다. 따라서 전체적으로는 마치 도선을 흐르는 전하가 커패시터를 통해 그대로 통과하는 것처럼 보인다. 이러한 커패시터 내부의 대응전류를 변위전류라 하며, 변위전류밀도 J_D는 다음 식으로 표현된다.

$$\overrightarrow{J_D} = \frac{\partial \overrightarrow{D}}{\partial t}$$

또한 전계 내에 유전체가 놓이면 유전체는 분극을 일으킨다. 분극현상은 전하의 이동효과를 동반하며 이러한 전류를 분극전류라 한다. 분극전류밀도 J_P는 다음 식과 같이 분극도의 시간변화율과 같다.

$$\overrightarrow{J_P} = \frac{\partial \overrightarrow{P}}{\partial t}$$

나. 전류의 연속성

전하의 보존원리에 따라서 같은 양의 정, 부의 전하가 분리에 의하여 동시에 발생되거나 재결합으로 소멸되는 일은 있지만, 전하는 결코 개별적으로 발생되거나 소멸되는 일은 없다. 이 원리를 폐곡면으로 둘러싸여 있는 영역에 적용하면, 이 폐곡면을 통과하는 전류는

$$I = \oint_S \vec{J} \cdot d\vec{S} \qquad \text{——— (6-7)}$$

로 표시되며, 이 표면을 통해서 밖으로 나가는 정(양)전하는 폐곡면 내의 양전하의 감소량 또는 상대적 음전하의 증가량과 같아야 한다. 폐곡면 내의 전하를 Q_i라고 하면, 전하의 보존원리에 의하여 식 (6-8)이 성립해야 한다.

$$I=\oint_S \vec{J}\cdot d\vec{S}=-\frac{dQ_i}{dt} \qquad \text{——— (6-8)}$$

식 (6-8)의 우측의 식은 전하의 감소율을 나타낸다. 폐곡면을 통과하는 전류에 대한 식을 발산정리를 이용하면,

$$I=\oint_S \vec{J}\cdot d\vec{S}=\int_v \nabla\cdot\vec{J}\,dv \qquad \text{——— (6-9)}$$

으로 표시되며, 식 (6-8)의 폐곡면 내의 전하 Q_i를 체적전하밀도의 체적적분으로 표시하면, 식 (6-10)과 같이 된다($\rho_v=\rho$).

$$I=\int_v \nabla\cdot\vec{J}\,dv=-\frac{d}{dt}\int_v \rho\,dv \qquad \text{——— (6-10)}$$

식 (6-10)을 임의의 체적증분(vol)에 대하여 정리하면,

$$I=\int_{vol}\nabla\cdot\vec{J}\,dv=-\int_{vol}\frac{d\rho}{dt}dv\,,\quad (\nabla\cdot\vec{J})\Delta v=-\frac{d\rho}{dt}\Delta v$$

이 된다. 따라서 식 (6-11)과 같은 미분형의 전류연속방정식을 얻을 수 있다.

$$\nabla\cdot\vec{J}=-\frac{d\rho}{dt} \qquad \text{——— (6-11)}$$

이 식 (6-11)은 미소체적소(임의 점)에서 흘러나오는(발산하는) 전류밀도는 그 점에서의 체적전하밀도의 시간적 감소율과 같다는 것을 의미하며, 미분형으로 쓰여진 전하보존법칙(law of charge conservation)이다.

이 식은 체적을 줄일수록 더욱 명확해 진다. 특히, 정상전류가 흐르는 곳에서는 전하의 발생, 소멸 등의 시간변화가 없으므로 $\partial\rho/\partial t=0$이므로 정상전류가 흐르는 곳에서는

$$\nabla\cdot\vec{J}=0$$

이 된다. 즉, 정상전류에 대해서는 전류밀도는 비발산성이다. 만일 임의의 회로망 내 접점에서 이식을 적용하면,

$$\sum_i I_i = 0$$

를 얻는다. 접점에 유입하는 전류가 양의 부호를 갖는 다면, 유출전류는 음의 부호를 갖는다. 즉, 회로망에서 임의의 접점에 유입, 유출하는 전류의 대수합은 0임을 나타낸다. 이 관계로부터 나온 것이 키르크호프(Kirchhoff)의 제1법칙인 전류법칙이다.

다. 전계하에서의 전류밀도

전계하에서의 캐리어의 흐름(표동, drift)을 고찰하자. 외부 전계가 없는 경우 전하(반도체에서는 전자, 정공)는 열적 불규칙(random) 운동을 한다. 이 경우, 실질적인 운동은 없는 것으로 볼 수 있다. 그러나 전계 하에서 전하는 주어진 방향으로 힘을 받아 실질적인 운동을 한다. 일정 온도하에서 전류밀도는 인가 전계에 정비례하여 증가한다는 것은 실험적으로 알려져 있다. 즉,

전류밀도 = 전도도 x 전계 ($\vec{J} = \sigma \vec{E}$)

이다. 이식을 Ohm 법칙이라 한다. 전계가 x-방향으로 인가(E_x)될 경우, 아래 그림과 같이 전류밀도 $J_x = \sigma E_x$로 주어진다.

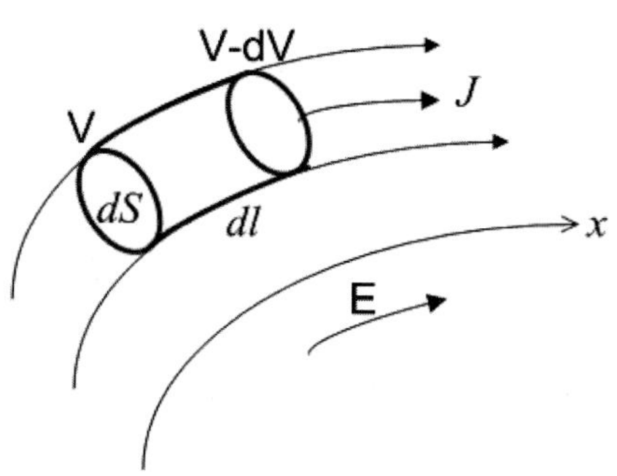

<Ohm 법칙의 미분형과 전계관계>

$$R = \frac{dl}{\sigma dS},\ E = \frac{dV}{dl}$$

$$dI = \frac{dV}{R} = \frac{dV}{\frac{dl}{\sigma dS}} = \sigma E dS = J dS\ [A]$$

$$\therefore\ J = \sigma E\,[A/cm^2] \Rightarrow (\vec{J} = \sigma \vec{E}\ )$$

전도도의 단위 : [1/Ωcm] = 전계당 전류밀도

이때 전도도는 전계하의 표동의 용이성을 나타내는 이동도(mobility, $\mu[cm^2/Vs]$)를 도입하므로 다음 식으로 정의될 수 있다.

전도도 = 농도 x 전하량 x 이동도 ($\sigma = nq\mu$)

이동도의 단위는 전계당 입자의 평균 표동속도로 정의되며 입자의 유효질량에 반비례한다. 아래 그림과 같이 길이 L, 폭 w, 두께 t의 반도체 봉에 x-방향으로 전계가 인가된 경우의 전자, 정공의 표동에 의한 전류밀도, 저항, 비저항, 전도도 간의 관계는 다음과 같이 주어진다.

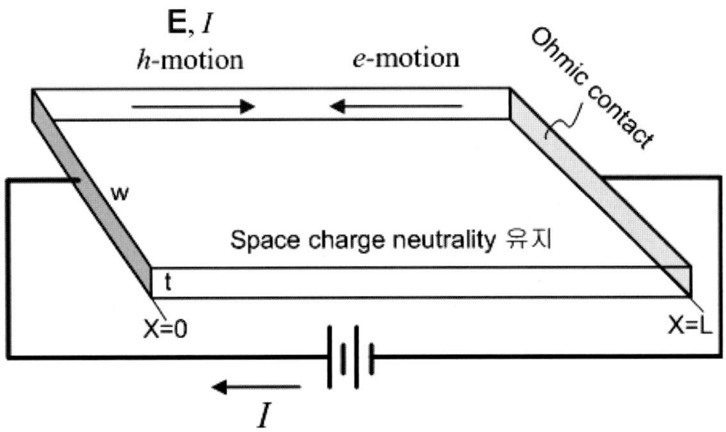

$$J_x = (qn\mu_n + qp\mu_p)E_x = \sigma E_x$$

$$R = \frac{\rho L}{wt} = \frac{L}{wt}\frac{1}{\sigma}$$

6.2 Biot-Savart의 법칙

유한길이 전류도선에 의한 임의 점에서의 자계에 대한 실험적 유도법칙으로 그림 6.2와 같이 미소 전류성분 Idl에 의한 P점에서의 자계세기 $d\overrightarrow{H}$[A/m]는 식(6-12)로 주어진다.

$$dH = \frac{Idl\,sin\theta}{4\pi r^2}\,[A/m]\,,\; d\overrightarrow{H} = \frac{Id\vec{l} \times a_r}{4\pi r^2} \qquad \text{(6-12)}$$

즉, Idl에 의한 자계세기는 $\theta = \pi/2$인 경우 최대가 되며 선상에 P점이 놓이는 경우 $(\theta = 0)$ 최소가 된다.

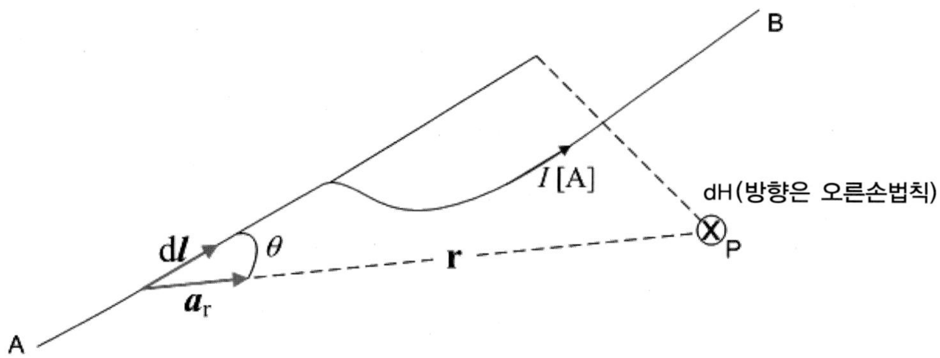

그림 6.2 미소 전류소 Idl에 의한 공간상의 한 점 P에서의 자계의 세기 $d\overrightarrow{H}$

전체 유한(곡선)도선 AB에 의한 P점의 자계세기 H는 식(6-12)의 정적분으로 식(6-13)으로 주어진다.

$$\overrightarrow{H} = \int_A^B d\overrightarrow{H} = \frac{I}{4\pi}\int_A^B \frac{dl sin\theta}{r^2}$$

$$\overrightarrow{H} = \frac{I}{4\pi}\int_A^B \frac{d\vec{l} \times a_r}{r^2} \qquad \text{(6-13)}$$

가. 유한 직선도선에 의한 자계

그림 6.3과 같은 유한 직선도선에 전류 I[A]가 흐를 경우의 임의의 점에서의 자계의 세기를 구해 보자. 여기서 주어진 θ_1, θ_2는 도선 양단과 P점을 잇는 선이 도선과 이루는 각이다.

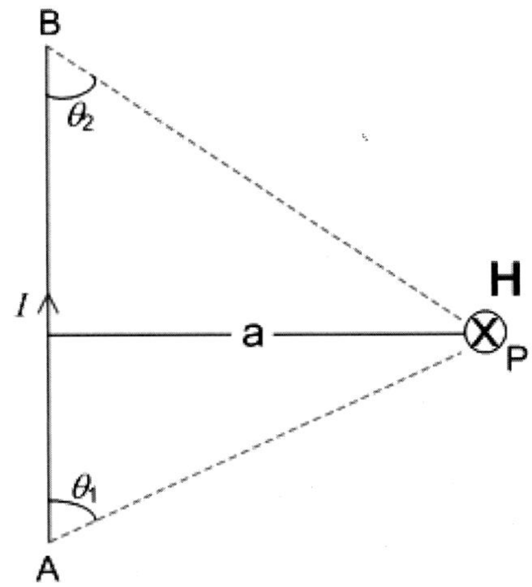

그림 6.3 유한직선도선 AB에 의한 점 P의 자계

θ_1, θ_2가 주어진 경우의 결과식은 식(6-14)와 같다.

$$H = \frac{I}{4\pi a}(\cos\theta_1 + \cos\theta_2)\ [A/m] \qquad (6\text{-}14)$$

이를 증명해 보자. 새로운 파라미터 β를 P점의 관점에서 각 끝점까지 연결선과 이루는 각도로 정의하자. 미소 도선길이 dl에 의한 P점에서의 자계 dH를 θ와 β의 함수로 표현하면,

$$dH = \frac{Idl\sin\theta}{4\pi r^2} = \frac{Idl\cos\beta}{4\pi r^2}$$

왜냐하면, $\sin\theta_1 = a/r_1 = \cos\beta_1$이기 때문이다. 윗 식에서 미소거리 미분항 dl을 미소각

도항 $d\beta$로 변환해 보자.

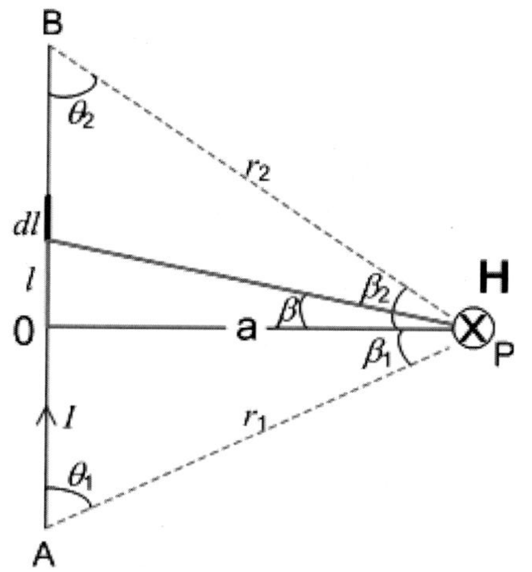

$$\cos\beta_1 = a/r_1 \Rightarrow r_1 = a\sec\beta_1$$
$$\tan\beta = l/a \Rightarrow l = a\tan\beta$$
$$\therefore dl = asec^2\beta d\beta$$

따라서,

$$dH = \frac{Idl\cos\beta}{4\pi r^2} = \frac{I}{4\pi}\frac{a\sec^2\beta d\beta}{a^2\sec^2\beta}\cos\beta$$
$$= \frac{I}{4\pi a}\cos\beta\, d\beta$$

그러므로 전 도선에 의한 P점에서의 자계는 식(6-13)에 의해

$$H = \int_A^B dH = \frac{I}{4\pi a}\int_{-\beta_1}^{\beta_2}\cos\beta\, d\beta = \frac{I}{4\pi a}(\sin\beta_2 + \sin\beta_1)$$
$$= \frac{I}{4\pi a}(\cos\theta_1 + \cos\theta_2)\,[A/m]$$

이 된다. 물론 이 경우 자계의 방향은 오른 나사법칙에 따라 지면을 향한다.

무한직선 도선의 경우 식(6-14)에서 $\theta_1 = \theta_2 = 0\ (\beta_1 = \beta_2 = \pi/2)$이므로 식(6-15)와 같이 간단히 표시된다.

$$H = \frac{I}{2\pi a}\,[A/m] \qquad \text{(6-15)}$$

즉, 무한길이 직선 도선에 대해 전류 I 가 주어지면 도선으로부터 거리 a에 따른 자계 방향은 그림 6.4와 같이 원 궤도를 그리며 그의 세기는 a에 따라 정 반비례한다는 것을 알 수 있다. 식(6-15)는 유한길이(l) 도선의 경우 도선 근처($l \gg a$)에 대해서도 성립한다.

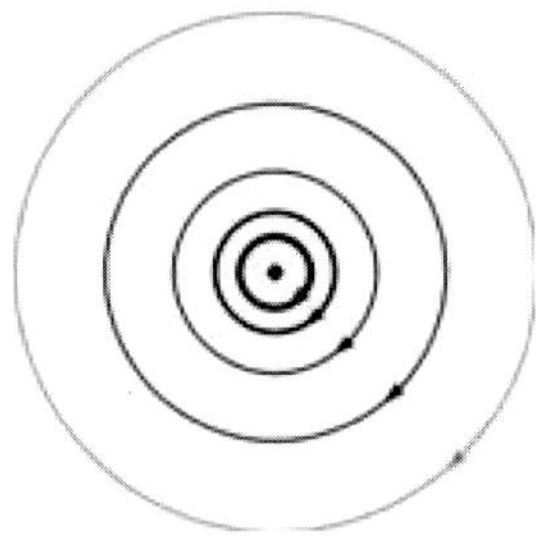

그림 6.4 전류 I가 흐르는 긴 선소 주위에서(a에 따른)의 자계세기의 유선. 전류의 방향은 지면 속으로 흐른다

예제

그림 6.5와 같이 z-축 상에 +z 방향으로 2π[A]의 전류가 흐르는 직선도선이 −2<z<8[m] 상에 놓인 경우 P(3,4,3)[m]에서의 자계세기와 방향을 설명하라.

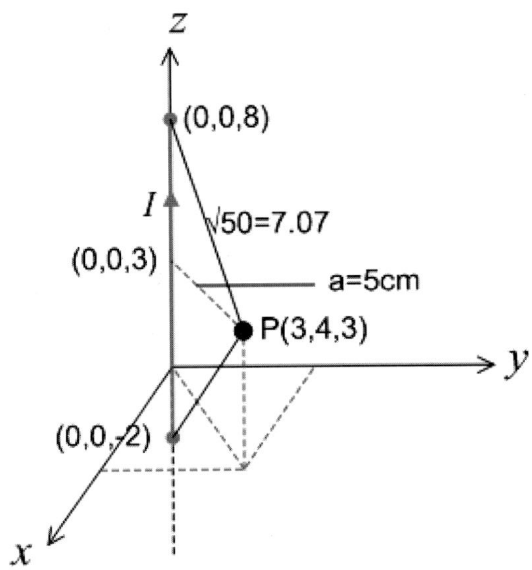

그림 6.5

$$H = \frac{I}{4\pi a}(cos\theta_1 + cos\theta_2)\ [A/m]$$

$$H_{(3,4,3)} = \frac{2\pi}{4\pi \cdot 5}(0.707 + 0.707) = 0.141\,[A/m]$$

$\because\ cos\theta_1 = 5/\sqrt{50} = 0.707 = cos\theta_2$

방향은 오른손법칙

나. 유한 원형도선에 의한 자계

원형도선 전류 I에 의한 중심축 상의 임의 점에서의 자계의 세기를 알아보자. 그림 6.6과 같이 반경 a의 원형도선이 원점의 yz면상에 놓이는 경우, 미소도선 길이 dl에 의한 중심 축 상의 한 점에서의 미소자계 dH 방향은 $\vec{dl} \times a_r$이 된다. 즉, dH는 dl , a_r 모두에 수직인 방향을 갖는다.

$$dH = \frac{I\vec{dl} \times a_r}{4\pi r^2} = \frac{Idl\sin 90^\circ}{4\pi r^2} = \frac{Idl}{4\pi r^2}$$

$\vec{dH} = dH_x i + dH_y j$가 되는 데, 특히 y-축성분 dH_y는 dl이 원점에 대해서 대칭이므로 dl'에 의해 생기는 반대방향 자계에 의해 상쇄되어 0가 되므로 자계는 dH_x 성분만 존재하게 된다.

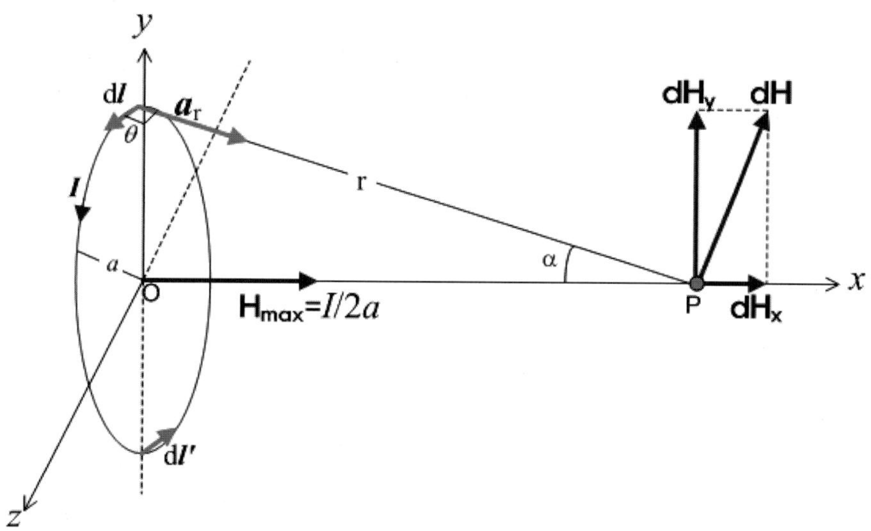

그림 6.6 원형전류에 의한 축 상 임의 점에서의 자계의 세기

dH_x는 $dH\sin\alpha$가 된다. 즉,

$$dH_x = dH\sin\alpha = \frac{Idl}{4\pi r^2}\frac{a}{r} = \frac{aIdl}{4\pi r^3}$$

이므로 전체 환 도선에 의해 얻어지는 P점에서 자계 H(a, x)는

$$H = \int_{l=0}^{2\pi a} dH_x = \int_{l=0}^{2\pi a} \frac{aI}{4\pi r^3}\, dl$$

$$= \frac{a^2 I}{2(a^2 + x^2)^{3/2}}\,[A/m]$$

즉, 자계의 방향은 x-축 방향 성분만 가지며, 원형 도선 중심(x=0)에서 최대 자계가 얻어지며, 식 (6-16)으로 주어진다.

$$H = \frac{I}{2a}\,[A/m] \qquad (6\text{-}16)$$

N개의 권선의 환 전류에 대해서

$$H = \frac{NI}{2a}\,[AT/m] \qquad (6\text{-}17)$$

이다.

연습문제

❶ k-방향으로 15[A]의 전류가 흐른다. 점 A($\sqrt{20}$, 0, 4)[m] 및 점 B(2, −4, 4)[m]에서의 자계 $\overrightarrow{H_A}$, $\overrightarrow{H_B}$를 각각 구하라. 〈Ans〉 $\overrightarrow{H_A} = 0.534j\,[A/m]$, $\overrightarrow{H_B} = 0.477i + 0.239j\,[A/m]$

6.3 Ampere의 주회적분 법칙

정전계 문제를 다룸에 있어서 쿨롱의 법칙을 이용했다. 또한 대칭성이 존재시 가우스법칙을 이용하여 문제를 쉽게 해결할 수 있었다. 이와 마찬가지로 전류-자계간의 관계에서 대칭성을 고려하여 문제를 쉽게 해결할 수 있는 법칙으로 암페어의 주회적분법칙(Ampere's circuital law)이 있다. 이 법칙은 유한 길이 도선에 대한 실험법칙인 Biot-Savart 법칙으로 유도될 수 있다. 가우스법칙과 마찬가지로 암페어 주회법칙을 서술하면, “임의의 폐곡선을 따라 자계 H를 선적분한 결과는 그 폐곡로를 둘러싼 직선전류 I 와 같다”로 표현한다.

앞 절에서 무한 직선에 대해 거리 r인 임의의 점에서 자계의 세기는 식(6-15)와 같으며,

$$H = \frac{I}{2\pi r}\,[A/m],\ \text{방향은 오른손 법칙}$$

으로 주어진다.

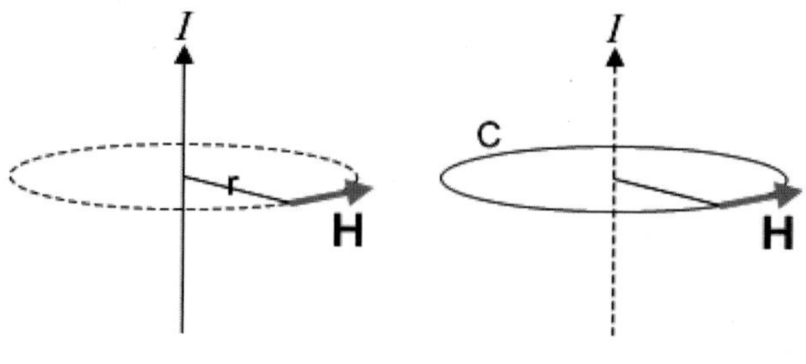

그림 6.7 무한 직선도선에 의한 자계와 자계의 주회적분

이를 역으로 생각하자. 원주 C(폐곡선 C) 상의 임의의 점에서 자계 H[A/m]를 주회적분하면 식(6-18)을 얻을 수 있다.

$$\oint_C \vec{H} \cdot d\vec{l} = \oint_C H dl = \frac{I}{2\pi r} \cdot 2\pi r = I[A] \qquad \text{—— (6-18)}$$

즉, 임의의 폐곡선 C에 대한 자계 H[A/m]의 선적분은 이 폐곡선을 관통하는 전류 I[A]

와 같다는 암페어 주회적분법칙이 얻어진다.

$$\oint_C \vec{H} \cdot d\vec{l} = I$$

이것은 폐곡선과 쇄교하는 도선에 흐르는 전류 I의 크기를 말하며, 도선과 쇄교하는 임의의 적분경로 C에 대해서 항상 성립한다.

그림 6.8과 같이 일정 전류 I가 흐르는 도선에 대해 폐곡선 경로가 다르게 주어진 경우를 생각하자. 폐곡선 A, B에 대한 자계의 선적분은 전류 I이지만, 폐곡선 C, D에 대한 $\vec{H}$의 선적분은 I 보다 작게 된다.

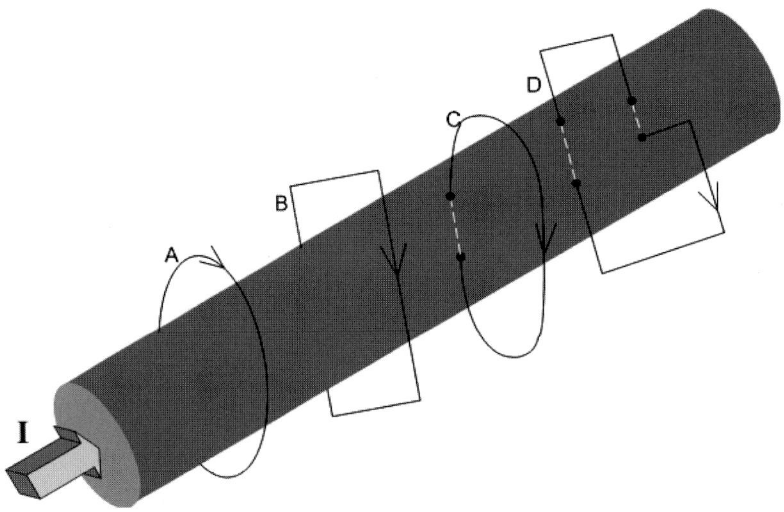

그림 6.8 폐곡로 A와 B에 대한 $\vec{H}$의 선적분 값은 전류 I이다. 폐곡선 C, D의 경우는 폐곡선을 관통하는 전류가 I보다 작으므로, 선적분은 I보다 작게 된다

아래 그림과 같이 자계의 적분 경로 C가 N회 감긴(권수)의 코일과 쇄교하는 경우의 암페어 주회적분 법칙을 적용하면, 경로 C를 지나는 총 전류는 NI가 되므로 결과식은 식 (6-19)와 같이 된다.

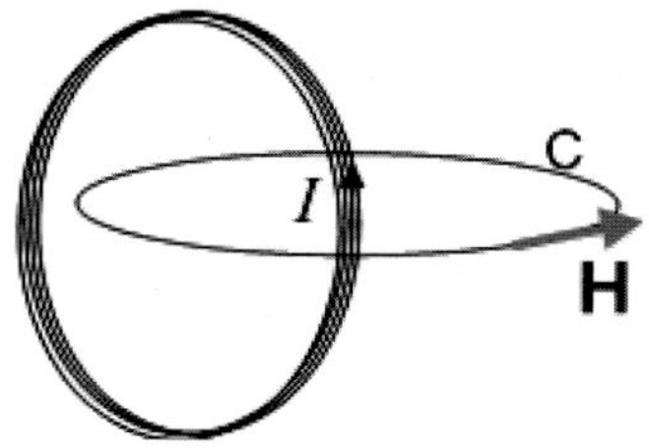

$$\oint_c \overrightarrow{H} \cdot d\vec{l} = NI \qquad (6\text{-}19)$$

다음은 암페어 주회적분법칙을 이용하여 무한길이 직선전류 I[A]에 대한 임의 점에서의 자계를 고찰해 보자. 반경 r인 동심원상의 모든 점에서 자계는 동일하며 방향은 오른손 법칙을 따른다.

$$\oint_C \overrightarrow{H} \cdot d\vec{l} = H2\pi r = I$$

$$\therefore H = \frac{I}{2\pi r}[A/m]$$

가. 무한길이 원주도체에 의한 자계

그림 6.9와 같은 반경 a인 무한길이 원주도체에 균일전류 I가 흐르는 경우의 자계를 중심축 상으로부터의 거리함수로 구해 보자. 자계 H는 도체 내, 외에서 동심원을 그린다.

도체외부(r〉a)의 경우의 자계 H는 무한길이 직선도체의 결과와 동일하게 위치함수의 역수인 $1/r$에 따라 변화됨을 알 수 있다.

$$\oint_c \overrightarrow{H} \cdot d\vec{l} = 2\pi r H = I$$

$$\therefore H = \frac{I}{2\pi r}[A/m]$$

도체 내부(r〈a) 자계 H_i의 경우는 암페어 주회적분 폐곡선의 위치(r 함수)에 따라 0으로부터 최대 $I/2\pi a$ (a=r)까지 선형 비례하여 변함을 알 수 있다.

$$\oint_c \overrightarrow{H} \cdot d\overrightarrow{l} = 2\pi r H_i = I_r$$

$$I : \pi a^2 = I_r : \pi r^2$$

$$I_r = \frac{\pi r^2}{\pi a^2} I = \frac{r^2}{a^2} I$$

$$\therefore H_i = \frac{I}{2\pi a^2} r \,[A/m]$$

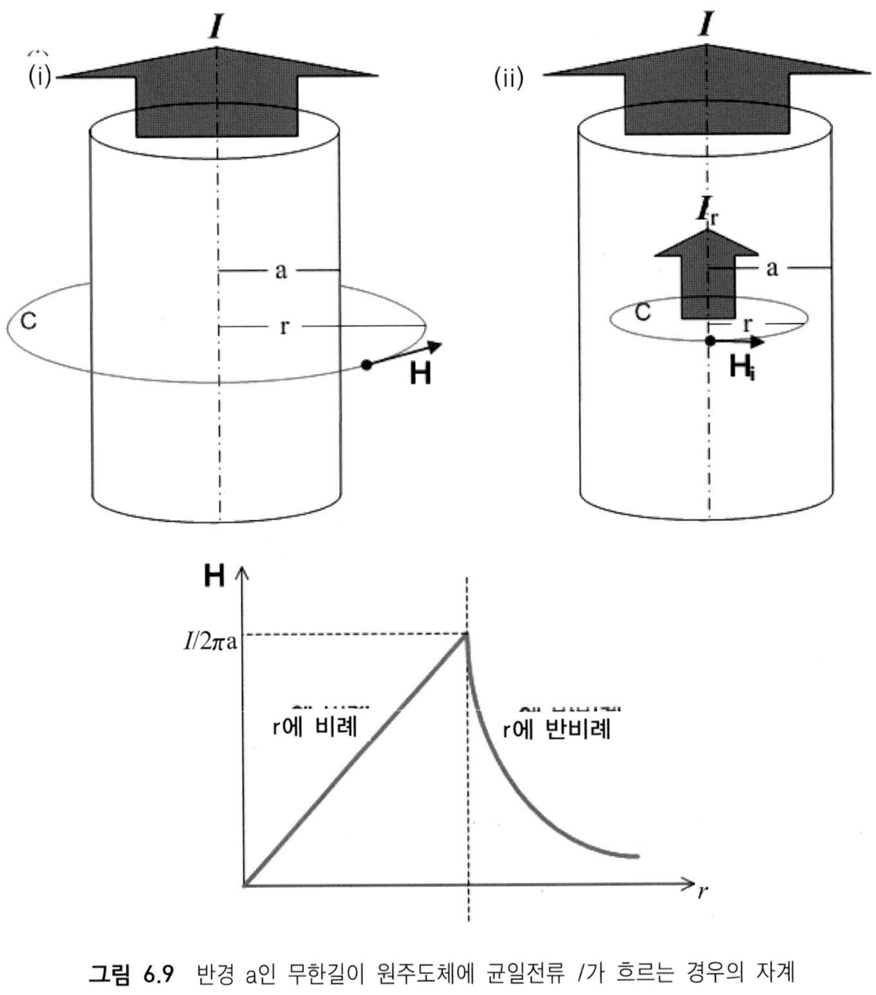

그림 6.9 반경 a인 무한길이 원주도체에 균일전류 I가 흐르는 경우의 자계

그림 6.9는 원주도체에 전류가 균일분포하여 흐르는 경우이며, 만약 전류가 도체표면에만 존재(고주파전류, 표피효과)하는 경우 내부 전계 $H_i = 0$가 된다.

예제

반경 a=1, b=4[mm]인 동축케이블 내부에 I=0.2[A]의 전류가 흐른다. 길이 1m 도선 사이를 지나는 자속 ϕ_B를 구하라.

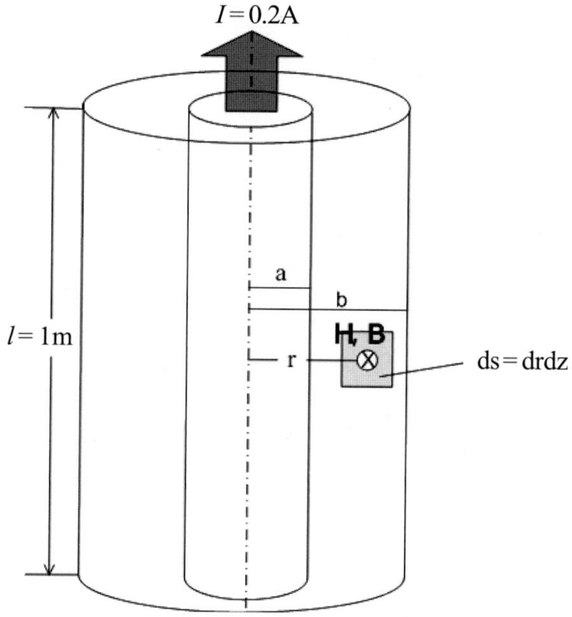

$$H = \frac{I}{2\pi r}[A/m] \quad (a < r < b)$$

$$B = \mu_0 H = \frac{\mu_0 I}{2\pi r}[Wb/m^2]$$

$$\phi_B = \iint BdS = \frac{\mu_0 I}{2\pi}\int_{r=a}^{b}\int_{z=0}^{1}\frac{1}{r}dzdr = \frac{\mu_0 I}{2\pi}\ln\frac{b}{a}[Wb]$$

$$\therefore \phi = \frac{4\pi \cdot 10^{-7} \cdot 0.2}{2\pi}\ln\frac{4}{1} = 55.4[nWb]$$

나. 솔레노이드내의 자계

그림 6.10과 같이 원통 위에 도선을 밀접하게 감아 전류 I 를 흐르도록 한 솔레노이드(Solenoid)에 의한 자계를 고려하자.

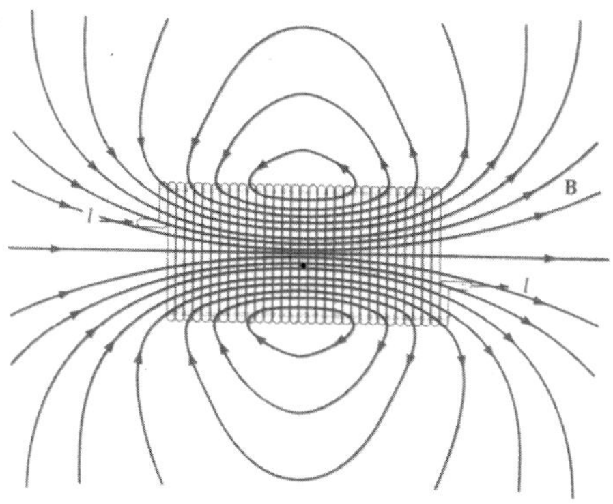

그림 6.10 솔레노이드의 자기력선 분포

> **솔레노이드(solenoid)** : 원통형(관상)으로 감은 전기 코일을 의미한다.
>
> 코일을 원형으로 감고 전류를 흘리면 원의 내측에 자계가 생기는데 여기에 자성체를 접근시키면 원의 중심부로 순간 이동하게 된다. 즉 코일에 전기 에너지를 인가함으로서 기계 에너지 즉 왕복 운동에너지로 변환시키는 장치이다. 코일과 자성물질(쇠막대)를 합쳐서 솔레노이드라고 한다. 이와 같은 원리로 자성의 극을 변환시켜 회전 운동을 발생시켜 역시 전기에너지를 기계에너지인 축의 회전 운동으로 변환시키는 장치가 전기모터이다.

먼저 무한길이 솔레노이드(그림 6.11) 내, 외부의 자계를 암페어의 주회적분법칙을 이용하여 구해보자. 각 코일에는 일정 전류 I가 흐르므로 이에 상응하는 자계가 발생한다. 특히 근접 코일로 인해 자력선은 서로 상쇄되어 자력선은 외부로 나가지 못한다. 따라서 외부 자계 및 자속밀도는 0이 된다. 즉,

$$(\text{외부})\ \vec{H} = \vec{B} = 0$$

또한 내부 자계는 모두 축에 평행함을 알 수 있다. 적분로 C를 설정하자. 길이 당 권선수를 n[turns/m], 총 길이 l[m] 내의 총권선 수를 N 이라 하면, C 경로 적분에 대해

$$\oint_C \vec{H} \cdot d\vec{l} = Hl = NI$$

$$H = \frac{N}{l} I$$

$$\therefore \; H = nI[AT/m] \qquad \text{——— (6-20)}$$

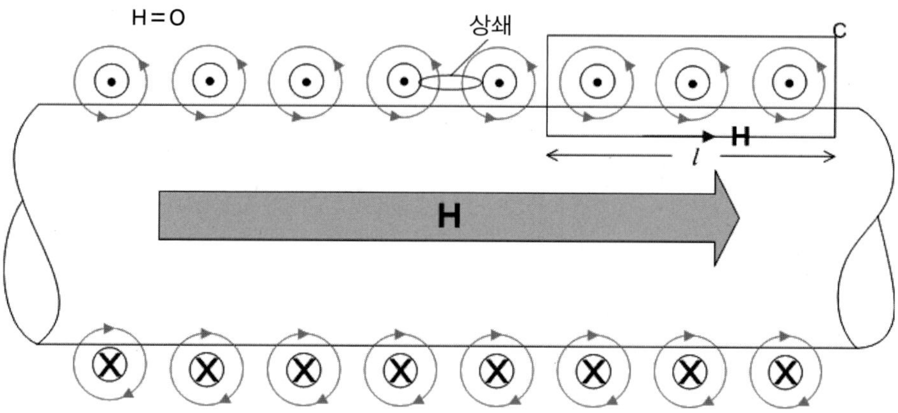

그림 6.11 무한길이 솔레노이드

즉, 솔레노이드 외부는 자계가 존재하지 않으며, 내부는 축방향의 평등자계가 존재하며, 그 크기는 단위길이 당 권선수 × 전류인 nI 임을 알 수 있다. 다음에 살펴보겠지만 무한길이가 아닐 경우는 평등자계가 아니다. 그러나 솔레노이드 반경 a에 비하여 솔레노이드의 길이 l이 크면($l \gg a$) 무한 솔레노이드로 취급할 수 있다.

실험적으로 $l > 10a$이면 솔레노이드 내부 자계는 $H = nI$로 취급해도 무관하다(오차범위 $< 2\%$). 이에 대한 증명은 뒤에 예제를 통해 설명하였다.

솔레노이드가 환상을 이룰 때 이를 토로이드(toroid)라 한다. 토로이드 내부의 자계를 구해보자. 권수 N에 전류 I가 흐를 경우, 암페어의 주회 적분로를 반경 r인 원 C를 선택하고 주회적분을 취하면 식(6-21)과 같은 자계 값을 얻을 수 있다.

$$\int_{C} \vec{H} \cdot dl = 2\pi r H = NI$$

$$\therefore H = \frac{NI}{2\pi r} = nI \ [AT/m] \qquad \text{———— (6-21)}$$

이때 내부 자계(자력선)의 방향은 원점 O를 중심으로 하는 동심원을 형성하며, 외부에서는 전류와 적분로가 쇄교하지 않으므로 $H=0$이다. 특히, 식(6-21)의 내부 자계는 일정한 평등자계로 통상적으로 $r \gg a$인 경우 이를 만족한다.

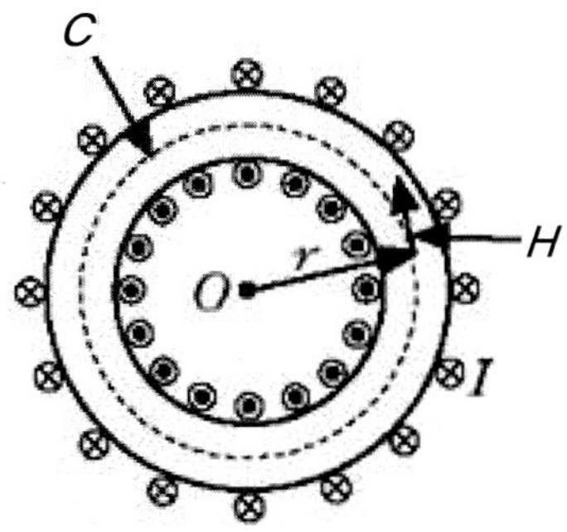

그림 6.12 N 권선의 토로이드에 의한 자계

즉, 토로이드의 경우도 무한 솔레노이드와 마찬가지로 자계는 내부에만 존재한다. 예를 들어, 지름이 $20\,[cm]$, $N=100\,[turns]$인 토로이드에 $1\,[A]$의 전류를 흘릴 때 내부자계는 $H=NI/2\pi r$로부터 $159\,[A/m]$의 평등자계가 생성된다.

다음은 유한길이 솔레노이드에 의한 축 상의 자계를 구하자. 이 경우 자계는 비대칭이므로 Biot-Savant 법칙을 이용하여 해결해야 한다. 그림 6.13과 같이 한 개의 환 전류에 의한 P점의 자계 성분을 dH_x라 하면, 총 길이 l인 솔레노이드에 의한 자계 H_x는 다음과 같이 구할 수 있다.

$$H_x = \frac{nI}{2}(cos\beta_2 - cos\beta_1)\,[AT/m] \qquad \text{———— (6-22)}$$

여기서,

$$cos\beta_2 = \frac{x}{\sqrt{x^2+a^2}},\ cos\beta_1 = \frac{x-l}{\sqrt{(x-l)^2+a^2}}$$

$$N = nl,\ n = N/l$$

이므로

$$H_x = \frac{NI}{2l}\left[\frac{x}{\sqrt{x^2+a^2}} - \frac{x-l}{\sqrt{(x-l)^2+a^2}}\right][AT/m] \qquad (6\text{-}23)$$

이 된다.

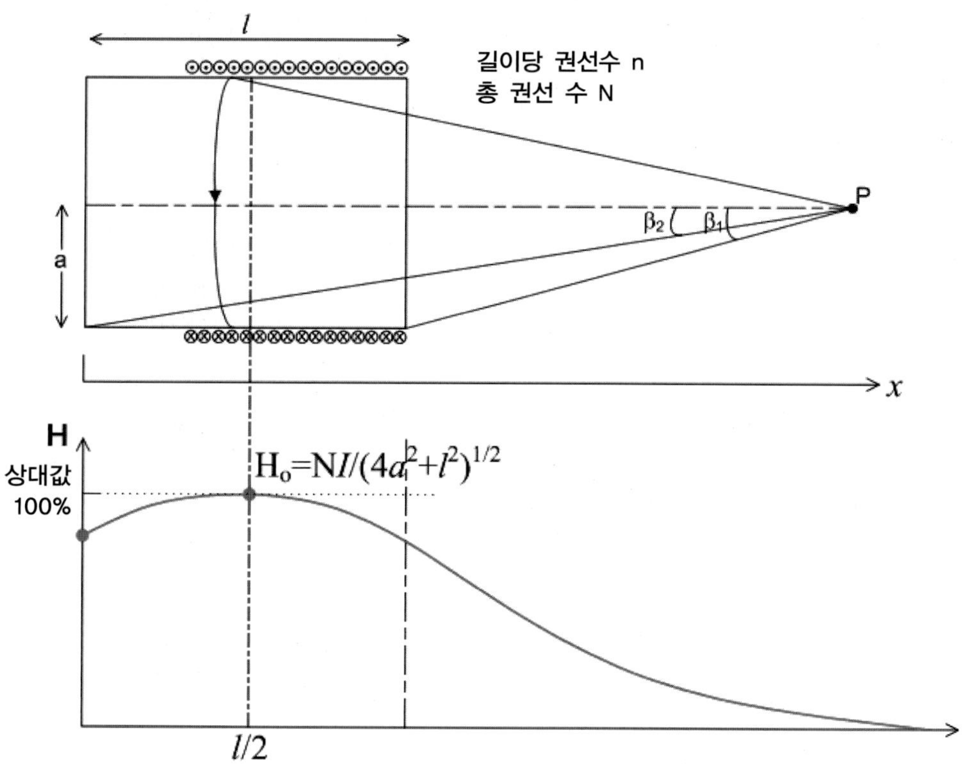

그림 6.13 유한길이 솔레노이드의 단면도와 축 방향 자계분포

식(6−23)으로부터 중심인 $x = l/2$에서 자계는 최대값 H_0를 갖는다. 즉,

$$H_0 = \frac{NI}{\sqrt{4a^2+l^2}}\,[AT/m] \qquad (6\text{-}24)$$

특히, $l \gg a$인 경우의 내부 자계는 무한 솔레노이드 결과와 같다. 즉,

$$H_\infty = \frac{N}{l} I = nI \, [AT/m] \qquad \text{——— (6-25)}$$

이 된다.

예제

길이 l, 반경 a의 유한길이 solenoid의 중심자계 H_0가 무한길이 solenoid 의 자계 경우에 대하여 오차를 2%[0.02] 이내로 하려면, l, a는 어느 정도로 해야 하는가.

$$H_0 = \frac{NI}{\sqrt{4a^2 + l^2}}, \quad H_\infty = \frac{N}{l} I$$

$l = 1$로 치환하면 $H_0 = \dfrac{1}{\sqrt{4a^2+1}} NI, \; H_\infty = NI$

$$1 - \frac{1}{\sqrt{4a^2+1}} = 0.02 \quad \text{즉,} \quad \frac{1}{\sqrt{4a^2+1}} = 0.98$$

$$0.98\sqrt{4a^2+1} = 1, \quad 0.9604(4a^2+1) = 1, \quad 3.8416a^2 = 0.0396$$

$$a = \sqrt{\frac{0.0396}{3.8146}} = 0.10 \qquad \therefore l = 10a$$

다. 암페어 주회적분의 미분형

주회적분법칙 $\oint_C \vec{H} \cdot d\vec{l} = I$ (내부 관통 전류), $\therefore \; I = \iint_S \vec{J} \cdot \vec{n} dS$

Stokes 정리 : $\iint_S \nabla \times \vec{H} \cdot \vec{n} dS \leftrightarrow \oint_C \vec{H} \cdot d\vec{l}$, $\therefore \iint_S \nabla \times \vec{H} \cdot \vec{n} dS = \iint_S \vec{J} \cdot \vec{n} dS$

양변을 미분하여 정리하면 미분형인 $\nabla \times \vec{H} = \vec{J}$ 이 얻어진다. 이와 관련하여 뒷 부분에서 자세히 설명하겠다.

6.4 자계에너지

2.5절에서 정전에너지를 설명하였다. 유전율이 ϵ이고 전계가 존재하는 공간에서 단위체적당 저장되는 정전에너지 밀도 w_E 또는 ω_D는

$$\omega_E = \frac{1}{2}\overrightarrow{D} \bullet \overrightarrow{E} = \frac{1}{2}\frac{\overrightarrow{D} \bullet \overrightarrow{D}}{\epsilon} = \frac{1}{2}\frac{D^2}{\epsilon} = \frac{1}{2}\epsilon E^2 \left[\frac{J}{m^3}\right]$$

으로 정의됨을 입증하였다. 이와 마찬가지로 자하 또는 전류에 의해 형성되어지는 자계공간에 저장되는 에너지를 자계에너지라 한다. 투자율 μ인 공간에서 단위체적 당 자계에너지인 자계에너지 밀도 ω_H 또는 ω_B는 식(6-26)으로 정의된다.

$$\omega_B = \frac{1}{2}\overrightarrow{B} \bullet \overrightarrow{H} = \frac{1}{2}\frac{\overrightarrow{B} \bullet \overrightarrow{B}}{\mu} = \frac{1}{2}\frac{B^2}{\mu} = \frac{1}{2}\mu H^2 \left[\frac{J}{m^3}\right] \qquad \text{——— (6-26)}$$

ω_E의 단위가 $DE \Rightarrow [C/m^2][V/m] = [J/m^3]$ 이고 1/2는 sin(또는 cos)의 곱의 평균값인 것과 마찬가지로 ω_B의 단위역시 $BH \Rightarrow [Wb/m^2][A/m] = [J/m^3]$ 로부터 얻어진다. μ 공간 전체(체적 v)에 대한 저장에너지 W는

$$W = \iiint_v \omega_B dv = \iiint_v \frac{1}{2}\overrightarrow{B} \cdot \overrightarrow{H} dv\ [J] \qquad \text{——— (6-27)}$$

이다.

그림 6.14와 같은 반경 a[m]인 원주도체(또는 μ 자성체)에 균일전류 I[A]가 흐를 경우의 저장되는 자계에너지를 구하자. 총 길이는 l'. 중심으로부터 거리 r 떨어진 P점을 포함하는 적분로를 형성하고 암페어 주회적분법칙을 적용하면 P점$(0 < r < a)$의 자계는

$$\oint_c \overrightarrow{H} \cdot d\vec{l} = 2\pi r H = I_r$$

이 된다. 여기서 I_r은 적분로 내부 관통전류로 총 전류 I와 다음과 같은 면적비례 관계를

갖는다.

$$I_r = \frac{\pi r^2}{\pi a^2} I$$

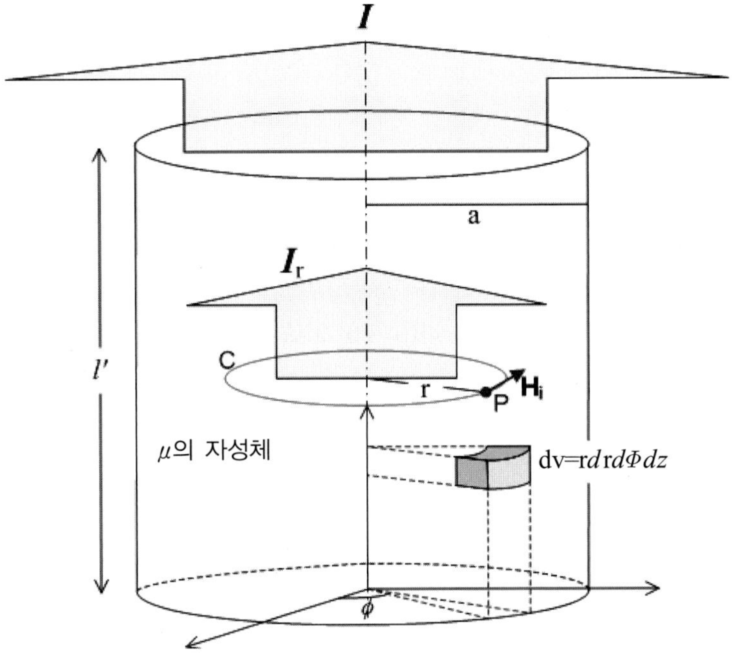

그림 6.14 균일 전류가 흐르는 원주 도체에 저장되는 자계에너지

그러므로 자계, 자계에너지 밀도 및 미소체적은

$$H = \frac{1}{2\pi r}\frac{r^2}{a^2} I = \frac{I}{2\pi a^2} r \ [A/m]$$

$$w_B = \frac{1}{2}\mu H^2 = \frac{\mu I^2 r^2}{8\pi^2 a^4} \ [J/m^3]$$

$$dv = rdrdzd\phi$$

이 되므로 저장되는 총 자계에너지는 식(6-28)로 주어진다.

$$W = \iiint_v w_B dv \ (0 < r < a)(0 < z < l')(0 < \phi < 2\pi)$$

$$W = \frac{\mu I^2}{8\pi^2 a^4}\int_0^a r^3 dr \int_0^{l'} dz \int_0^{2\pi} d\phi \quad = \frac{\mu I^2}{8\pi^2 a^4} \cdot \frac{a^4}{4} l' 2\pi$$

$$\therefore\ W = \frac{\mu l'}{16\pi} I^2 [J] \qquad \text{——— (6-28)}$$

그림 6.15와 같이 투자율 $\mu(=\mu_r \mu_0)$의 자성체가 미소 변위할 경우 에너지의 변화가 발생하며, 이 변화는 흡인력(吸引力) 또는 반발력으로 나타난다.

변위 전 일정 크기를 갖는 자극에 대하여 작용하는 힘을 구하자. 초기 자성체에 의한 자속밀도를 B라 하면, 자성체 부분의 에너지 밀도는 $B^2/2\mu$이고 공기 부분의 에너지 밀도는 $B^2/2\mu_0$이다.

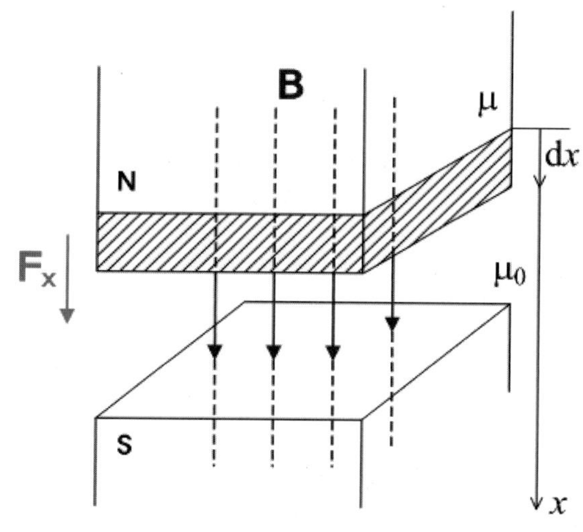

그림 6.15 자성체의 흡인력

만약, 상부 자성체가 dx 이동한다면(이동 공간체적 Sdx), 저장 에너지밀도 및 에너지 변화는

$$d\omega_B = \frac{B^2}{2}\left(\frac{1}{\mu} - \frac{1}{\mu_0}\right) [J/m^3]$$

$$dW = dw_B \cdot (\text{미소체적}) = dw_B S dx = \frac{B^2 S}{2}\left(\frac{1}{\mu} - \frac{1}{\mu_0}\right) dx\ [J]$$

이 되며, 흡인력 F_x는 다음과 같이

$$F_x = -\frac{dW}{dx} = \frac{B^2 S}{2}\left(\frac{1}{\mu_0} - \frac{1}{\mu}\right)[N]$$

이 된다. 여기서, 만약 $\mu = \mu_0 \mu_r$로 $\mu_r \gg 1$이면 총 자속 ϕ는 BS이므로 흡인력은 식 (6-29)으로 표현된다.

$$F_x = \frac{B^2 S}{2\mu_0} = \frac{\phi^2}{2S\mu_0}\ [N] \qquad \text{(6-29)}$$

예제

전자석의 자극에서 B = 1.2 $[Wb/m^2 = T]$, $S = 20 \times 20\,[cm^2]$에 대한 흡인력은 어느 정도의 질량을 끌어당길 수 있나.

$$F = \frac{1.2^2 \times 4 \times 10^{-2}}{2 \times 4\pi \times 10^{-7}} = 2.3 \times 10^4\,[N]$$

〈무게(kgf) = m(질량)g(중력가속도) = m[kg]9.8[m/s^2]〉

$$\therefore m = \frac{2.3 \times 10^4}{9.8}\,[kgf/(m/s^2)] = 2.34 \times 10^3\,[kg] = 2.34\,[ton]$$

예제

반경 a=50cm=0.5m, 권수 N=500회 초전도(NbTi) 코일에 10[KA]의 전류 인가 시 전자흡인력(반발력)은 어느 정도인가.

코일 중심자계 $H = \frac{NI}{2a}\,[AT/m] = 5 \times 10^6\,[AT/m]$

면적당 전자 반발력

$$\frac{F}{S} = \frac{1}{2}\frac{B^2}{\mu_0} = \frac{1}{2}\mu_0 H^2 = 1/2 \times 4\pi \times 10^{-7} \times 25 \times 10^{12} = 157 \times 10^5\,[N/m^2]$$

$$\therefore \text{ 무게/면적 } = \frac{157 \times 10^5}{9.8}\left[\frac{kgf/m^2}{m/s^2}\right] = 1.6 \times 10^6\,[kg/m^2] \rightarrow \text{ 자기부상}$$

6.5 자기력

전계 내 대전입자 q가 받는 힘은 전계세기의 정의로부터 $\overrightarrow{F_E} = q\overrightarrow{E}$이로 힘의 크기는 전계와 전하량 모두에 비례한다.

실험에 의한 결과로 자속밀도 B의 공간을 움직이는 대전입자 q가 받는 힘의 크기는 전하량, 입자속도 v 및 B, 그리고 v와 B 사잇각의 sin 값에 비례한다. 또한 힘의 방향은 속도와 자속밀도의 회전 즉, $a_v \times a_B$로 주어진다. 따라서 힘은 $\overrightarrow{F_B} = q\overrightarrow{v} \times \overrightarrow{B} = qvB(a_v \times a_B)$로 표시된다.

전계 및 자계가 공존하는 전자계 공간에서 대전입자가 받는 힘을 로렌츠힘(Lorentz force)라 하며, 다음 식으로 표시한다.

$$\overrightarrow{F} = q(\overrightarrow{E} + \overrightarrow{v} \times \overrightarrow{B})$$

정상자계를 움직이는 대전입자가 받는 힘은 미소전하소(dq)가 받는 힘 dF로 바꾸어 표시할 수 있다. 즉,

$$d\overrightarrow{F} = dq\overrightarrow{v} \times \overrightarrow{B}$$

으로 표시할 수 있다. 또한, 대류전류밀도는 체적전하밀도(ρ)의 속도(v)를 사용하여 정의할 수 있다.

$$\overrightarrow{J} = \rho\overrightarrow{v}\left[\frac{C}{m^3}\frac{m}{s}\right]$$

미소전하소 dq 역시 ρ의 미소체적소(dv) 곱으로 표현된다. 즉, $dq = \rho dv$. 따라서

$$d\overrightarrow{F} = \rho dv \ \overrightarrow{v} \times \overrightarrow{B}$$

$$d\overrightarrow{F} = \overrightarrow{J} \times \overrightarrow{B}\, dv$$

이다.

<플레밍의 오른손, 왼손법칙>

영국 전기공학자 J.A.플레밍이 고안한 법칙으로 **자계 속에서 도선을 움직일 때, 유도기전력에 유도되는 전류의 방향을 나타내는 법칙**(플레밍의 오른손법칙)**과 자계 속에서 전류가 받는 힘의 방향**을 나타내는 법칙(플레밍의 왼손법칙)을 일컬으며, 손가락을 써서 나타낸다. 전하가 자기장 속에서 운동하면 그 속력에 비례하는 힘을 받는다. 그 방향은 속도와 자기장이 정하는 면에 수직이고, 오른나사를 이 방향으로 놓고 속도 방향에서 자기장 방향으로 돌렸을 때 오른나사가 나아가는 방향이다. 이 힘을 Lorentz 힘이라고 한다. 플레밍의 법칙은 로렌츠힘에서 자기장과 속도가 이루는 각이 특별히 직각인 경우이다. 이 법칙은 로렌츠힘의 관계를 현장의 전기기술자도 이해하기 쉽도록 고쳐 표현한 것이다.

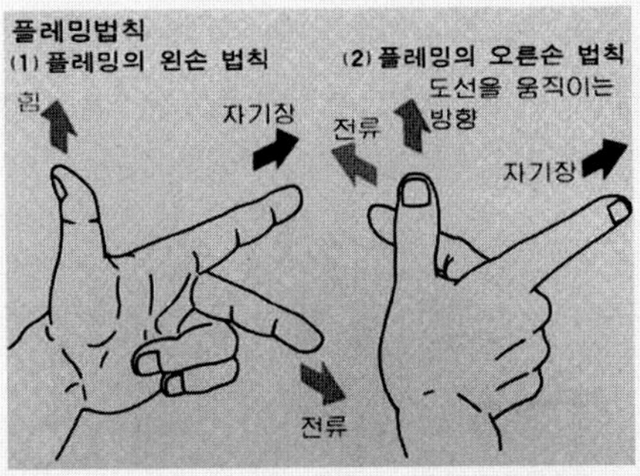

① 오른손법칙-오른손 엄지 · 검지 · 중지를 서로 직각이 되도록 세운다. 검지를 H방향, 엄지를 도선이 움직이는 방향(F)이라 하면, 도선 속에 흐르는 유도전류 (I) 방향은 중지 방향이다.

② 왼손법칙-왼손의 엄지 · 검지 · 중지를 서로 직각이 되도록 세운다. H을 검지, I를 중지 방향으로 하면, 이 전류가 자기장에서 받는 힘 F의 방향은 엄지 방향이다.

또한 미소체적소 dv는 일정면적 S의 미소길이소 dl로 볼 수 있기 때문에 $Jdv = JSdl = Idl$로 고쳐쓸 수 있다. 따라서, 미소전류소에 의한 로렌츠힘은

$$d\vec{F} = Id\vec{l} \times \vec{B}$$

으로 표시할 수 있다. 이 식을 균일 자계 내에 있는 길이 l의 직선도체에 적용하면 식 (6-30)을 구할 수 있다.

$$\vec{F} = \vec{Il} \times \vec{B}\ [N] \qquad (6-30)$$

만약 $\vec{Il}$과 $\vec{B}$가 수직이면 $F = BIl = \mu_0 HIl$이며, $\vec{Il}$과 $\vec{B}$가 수직이 아닌 사잇각 θ를 갖는다면 $F = BIl sin\theta = \mu_0 HIl sin\theta$가 되며 방향은 플레밍의 왼손법칙을 따른다.

식(6-30)으로 표현되는 직선도선에 작용하는 힘뿐만 아니라 폐선로에 대하여 적용하면 힘은 다음 식으로 쓸 수 있다.

$$\vec{F} = \oint I\, d\vec{l} \times \vec{B} = -I \oint \vec{B} \times d\vec{l} \qquad (6-31)$$

이와 같은 자계 중에 놓인 전류도선에 작용하는 힘은 전기에너지 → 운동에너지 변환 현상에 기초가 되는 매우 중요한 현상이다.

예를 들어, 다음 그림과 같이 공기 중 y-축 상에 놓인 무한길이 도선에 $-y$ 방향으로 15[A]의 전류가 흐른다면 이로 인해 생기는 자계 H는 x함수이며 방향은 오른 나사회전방향이 된다. 즉,

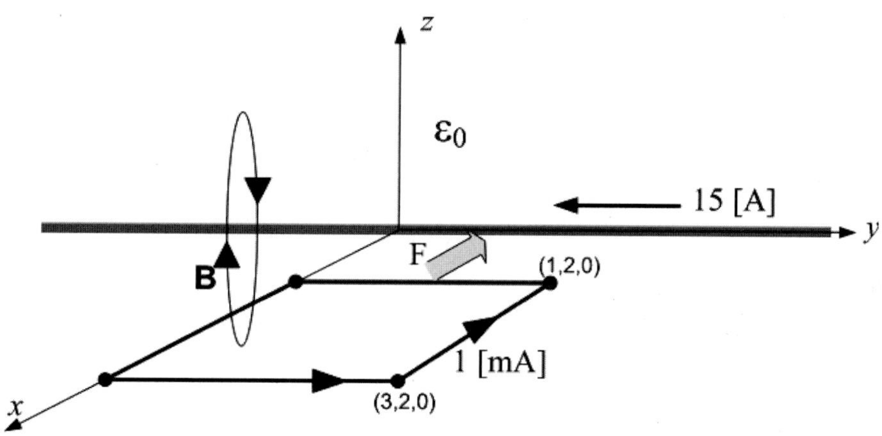

$$\vec{H} = \frac{I}{2\pi x} a_z = \frac{15}{2\pi} \frac{1}{x} a_z \left[\frac{A}{m}\right]$$

이며 이로 인한 자속밀도 B는

$$\vec{B} = \mu_0 \vec{H} = 4\pi \times 10^{-7} \vec{H} = \frac{3 \times 10^{-6}}{x} a_z \,[T]$$

이다. 이때 (1,0,0), (1,2,0), (3,0,0), (3,2,0)을 꼭지점으로 갖는 정사각형 루프가 존재하

고 여기에 1[mA]의 전류가 흐른다면 이 루프에 작용하는 총 힘은 식(6-31)로부터 구할 수 있으며 그 결과 받는 힘은 $-x$방향이 된다. 즉,

$$\vec{F} = -I\oint \vec{B}\times d\vec{l}$$

$$= (-1\times 10^{-3})(3\times 10^{-6})\left[\int_{x=1}^{3}\frac{a_z}{x}dx\,a_z + \int_{y=0}^{2}\frac{a_z}{3}dy\,a_y + \int_{x=3}^{1}\frac{a_z}{x}dx\,a_z + \int_{y=2}^{0}\frac{a_z}{1}dy\,a_y\right]$$

$$= -3\times 10^{-9}\left[(\ln 3)a_y - \frac{2}{3}a_x + \left(\ln\frac{1}{3}\right)a_y + 2a_x\right] = -4\,a_x\,[nN]$$

가. 자계 내 구형도선에 작용하는 힘

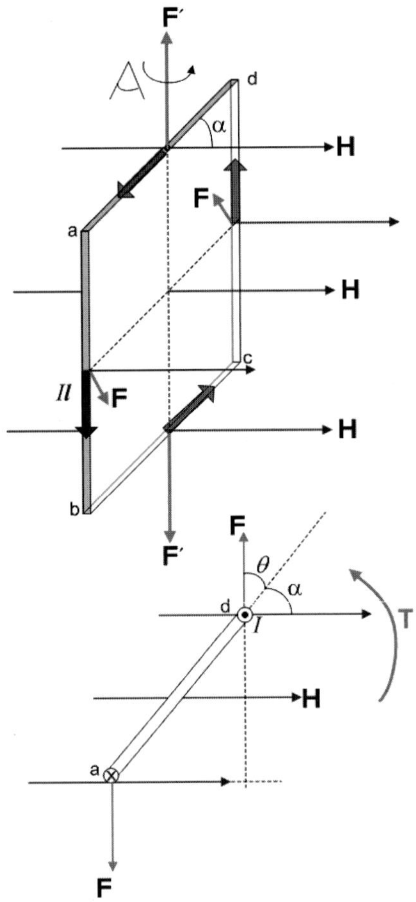

그림 6.16 자계 내 구형도선에 작용하는 힘과 회전력

그림 6.16과 같은 평등자계 H[AT/m] 내의 구형전류($\overrightarrow{abcd}$)에 작용하는 힘과 회전력을 고찰하자.

전류성분 $\overrightarrow{da}$, $\overrightarrow{bc}$ 에 의한 힘을 F'이라하면,

$$\vec{F}' = I\vec{l} \times \vec{B} = I\,\overline{da}\,\mu_0 H \sin(\pi - \alpha)\ a_{\vec{l} \times \vec{B}}$$

$$F' = I\,\overline{da}\,\mu_0 H \sin\alpha\,[N]$$

으로 힘 F'은 코일의 회전과 무관함을 알 수 있다.

전류성분 $\overrightarrow{ab}$, $\overrightarrow{cd}$ 에 작용하는 힘은 전류 방향과 자계가 수직이므로 sin 항은 1이 되므로 그림과 같이 회전력에 영향을 주며 그 크기는 각각

$$F = I\,\overline{ab}\,\mu_0 H\ [N]$$

이 된다. 회전력(torque) T는 그림 6.16의 아래 그림(위에서 본 그림)과 같이 주어진다.

$$T = Flsin\theta$$

여기서 l은 선분 $\overline{da}$이다. 따라서,

$$T = F\,\overline{da}\,\sin\left(\frac{\pi}{2} - \alpha\right) = F\,\overline{da}\,\cos\alpha$$

$$= (I\,\overline{ab}\,\mu_0 H)\overline{da}\,\cos\alpha = I\mu_0 SH\cos\alpha$$

$$= ISB\cos\alpha\,[Nm]$$

이 된다. $S = \overline{ab}\,\overline{da}\,[m^2]$이다. $\alpha = 0\,(\theta = 90^o)$에서 최대회전력(S와 H 일치 방향)을 보이며, $\alpha = 90^o\,(\theta = 0)$에서 최소(정지)를 보인다. 자계 내 전류 코일은 자신을 통과하는 자속이 최대가 되는 방향으로 회전한다.

나. 평행 전류도체 사이에 작용하는 힘

그림 6.17과 같이 무한 직선 도선에 흐르는 전류 I_1, I_2 를 고려하자. 여기서 d는 도선간의 간격이다. I_1에 의한 I_2에 영향을 미치는 자계 H_2는

$$\oint H_2 dl = I_1 = 2\pi d H_2$$

으로 주어진다.

$$\therefore\ H_2 = \frac{I_1}{2\pi d}\ [A/m] \quad : \text{Ampere 오른손 법칙 방향}$$

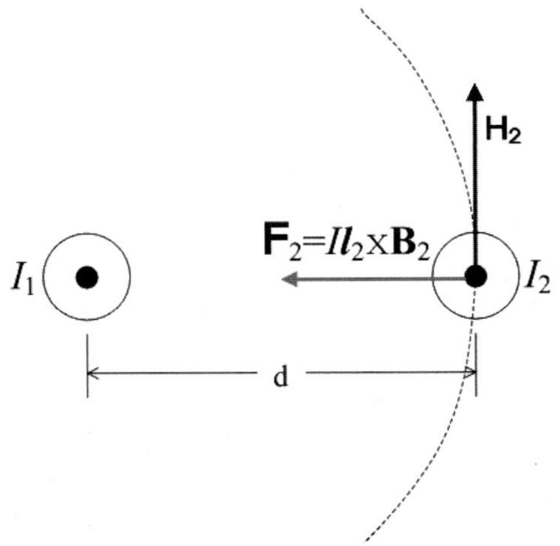

그림 6.17 같은 방향의 평행 전류도체사이의 작용하는 힘

단위 길이 1[m]의 I_2가 받는 힘, F_2는 다음과 같이 주어진다.

$$F_2 = I_2|\vec{l} \times \vec{B}| = \mu_0 H_2 I_2$$

$$F_2 = \mu_0 \frac{I_1}{2\pi d} I_2 = \frac{2I_1 I_2}{d} 10^{-7} \left[\frac{N}{m}\right]$$

같은 방향 전류에 대해서는 인력이 작용하고, 반대방향의 전류에 대하여 척력이 작용함을 알 수 있다.

예제

$I_1 = I_2 = 10[kA]$, $d = 1[cm]$의 동일 방향 평행도선에 대한 작용하는 인력을 계산하라.

$$F = \frac{2 \times 10^8}{10^{-2}} \times 10^{-7} = 2000\,[N/m]$$

예제

진공중 y축 방향 무한 직선 전류 200[A]에 의해 자계가 발생한다. (a) 점(2,2)와 점(6,−2)[m]를 대각점으로 하는 정방형을 통과하는 총 자속을 계산하라.

y 축으로부터 x 거리의 자계, 자속 밀도

$$\oint_C H \cdot dl = 2\pi x H = I,\ H = \frac{I}{2\pi x}\,[A/m],\ B = \mu_0 H = \frac{\mu_0 I}{2\pi x}$$

(B는 x만의 함수)

$$\therefore \phi = 4 \cdot \frac{\mu_0 I}{2\pi} \int_2^6 \frac{1}{x} dx = 4 \frac{4\pi \cdot 10^{-7} \cdot 200}{2\pi}\, ln3$$

$$= 1.6 \times 10^{-4} ln3 = 1.758 \times 10^{-4}\,[Wb]$$

예제

60[A] 전류가 −y방향으로 흐르는 길이 1.5[m]도선을 y축에 평행하게 점(2,0)[cm]에서 점(4,0)[cm] 운반시 소모되는 일을 구하라.

(SOL) y축에서 x 떨어진 점의 반발력 계산 :

앞의 예제 이용 $H = \frac{I}{2\pi x}$, $F = I\vec{l} \times \vec{B} = Il\mu_0 H$

$$F = 60\,[A](1.5)[m] \cdot 4\pi \cdot 10^{-7} \cdot \frac{60\,[A]}{2\pi} \cdot \frac{1}{x}$$

$$= 1.0 \times 10^{-3} \frac{1}{x}\,[N]$$

$$W = \int_{0.02}^{0.04} 1.0 \times 10^{-3} \frac{1}{x} \cdot dx = 1.0 \times 10^{-3} ln2 = 0.693\,[mJ]$$

다. 자계 중 운동하는 입자에 작용하는 힘

평등자계 H내에 $+q$[C]의 전하가 v[m/s]속도로 그림 6.18과 같이 H에 수직 입사하는 경우를 고려하자.

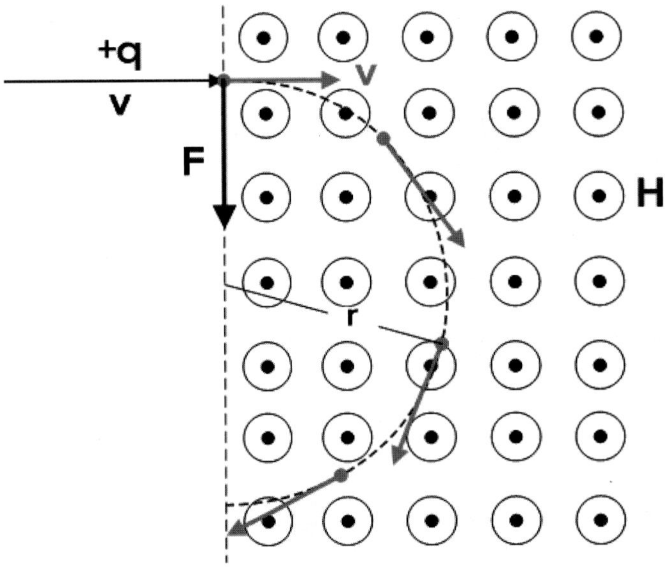

그림 6.18 평등자계내의 전하 $+q$의 원운동

$$\frac{q}{t} = I[A],\ I\vec{l} = q\frac{\vec{l}}{t} = q\,\vec{v}\,[Am]$$

$$\therefore\ \vec{F} = I\vec{l} \times \vec{B} = q\vec{v} \times \vec{B}\,[N]\ \text{(구심력)}$$

따라서, $+q$ 전하는 원운동을 하게 된다. 원운동을 유지하기 위해 F(구심력) = 원심력이어야 한다.

$$\therefore\ q\vec{v}\mu_0 H = \frac{mv^2}{r}\ \text{(m은 질량, r=반경)}$$

$$\text{궤도 반경}\ \ r = \frac{mv}{q\mu_0 H} = \frac{mv}{qB}\,[m]$$

6.6 스토크정리와 주회적분법칙의 미분형

암페어 주회적분법칙의 미분형은 식(6-31)과 같다. 이것은 "임의 점에서 자계의 회전은 그 점에서의 전류밀도와 같다"로 기술된다.

$$\nabla \times \vec{H} = \vec{J}[A/m^2] \qquad \text{——— (6-31)}$$

이를 증명해 보자. 임의의 폐 주회 적분로에 대한 자계의 회전은 적분로 내부 관통전류와 같다는 암페어 주회적분 법칙은 다음과 같은 수식으로 표현된다.

$$\oint_C \vec{H} \cdot d\vec{l} = I$$

또한, 내부관통전류는 벡터값인 전류밀도 $\vec{J}$ 및 면에 수직한 단위벡터 n을 고려하여 다음 식으로 표현된다.

$$\therefore \ I = \iint_S \vec{J} \cdot \vec{n} dS$$

임의의 폐곡면을 통해 나아가는 벡터의 총 면적분은 임의 점에서 벡터의 발산에 대한 체적적분과 같다는 것이 발산정리이다. 즉, 다음과 같이 발산정리는 면적분 ⇔ 체적적분 간의 관계로 표시된다.

$$\oint_S \vec{E} \cdot \vec{n} dS = \iiint_v \nabla \cdot \vec{E} dv$$

이와 마찬가지로 선적분(주회적분)-면적분의 관계를 스토크(Stokes) 정리라 한다. 스토크정리 관계식은 그림 6.19의 내용을 수식화하므로 얻을 수 있다. 즉,

$$\iint_S (\nabla \times \vec{H}) \cdot d\vec{S} = \oint_C \vec{H} \cdot d\vec{l} \qquad \text{——— (6-32)}$$

으로 여기서, $(\nabla \times \vec{H})$는 미소 면적 ΔS에 대한 회전으로 모든 ΔS의 합이 식 (6-32)의 좌항이다. 우항은 각 ΔS를 모두 포함하는 주변에 대한 선적분을 의미한다.

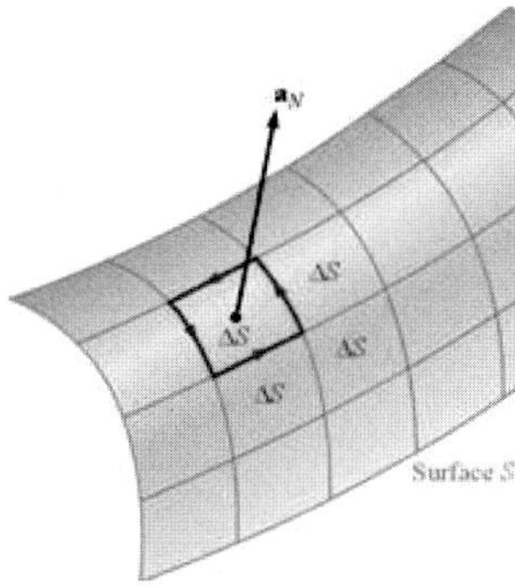

그림 6.19 스토크스 정리를 설명하기 위한 그림. 표면 S의 면적을 ΔS인 미소면적들로 나누고 ΔS의 변 주위를 따라서 선적분한 값의 총 집합은 전체 S의 변 주위에 대해서 선적분한 값과 같다. 이는 내부 적분로에 대한 적분 값이 상쇄되기 때문이다.

암페어 주회적분 법칙의 좌항을 스토크 정리를 이용하여 정리하면,

$$\iint_S \nabla \times \vec{H} \cdot \vec{n} dS \leftrightarrow \oint_C \vec{H} \cdot d\vec{l}$$

이 된다. 여기에 내부관통 전류를 전류밀도 항으로 표현하고 정리하면 다음과 같이 표현된다.

$$\therefore \iint_S \nabla \times \vec{H} \cdot \vec{n} dS = \iint_S \vec{J} \cdot \vec{n} dS$$

이 식의 양변을 미분하므로 암페어 주회적분법칙을 미분형으로 표시할 수 있다.

[제7장]

전자유도

본 장에서는 시간적으로 변화하는 전류와 자계 간의 관계를 다룬다. 즉, 電磁誘導(electromagnetic induction)를 설명한다. 19세기 Faraday와 Henry가 시간적으로 변하는 자계에 대한 실험을 통해 기전력이 유도됨을 알았다. 이들의 노력은 오늘날 발전기, 변압기 등의 여러 실험기기를 개발하는 초석이 되었다.

7.1 Faraday 법칙과 유도기전력

1759 전지(voltaic cell) 발견 (Volta)
1820 전류에 의한 자계 발생 관찰 (Oersted)
전류와 자계 사이의 관계식 (Biot-Savart)
1821 자기에 의한 전류 발생 가정 (Faraday)
1831 전자유도 법칙 발표 (Faraday, Henry, Lentz)

암페어 주회적분법칙, Biot-Savart 법칙에서 고찰한 바와 같이 전류와 자계는 직, 간접적으로 상호 작용을 한다. 1820년 코펜하겐대학의 물리과 에르테드(Oersted) 교수는 전류가 나침반의 자침에 영향을 준다는 사실을 발표하였다. 전류가 나침판의 침을 변화시킬 수 있다면(자계를 만든다면) 반대로 자계가 전류를 만들 수 있다는 확신을 가지고 이를 입증하려는 실험이 영국의 패러데이(Faraday), 러시아 렌츠(Lenz), 미국의 헨리(Henry)와 같은 과학자들에 의해 이루어 졌다. 약 10여년 후 페러데이는 이를 실험적으로 입증하는 데 성공하였고 이를 가장 먼저 발표하였다.

그림 7-1과 같이 토로이드에 2개의 코일을 따로 감고 한쪽에는 전원을 연결하고(coil C_1) 다른 한 쪽에 검류계를 연결(coil C_2)후 C_1에 순간적으로 회로를 연결하고 단락하였더니 다른 한 쪽의 회로에 반대 방향의 전류가 생성됨을 발견하였다. 또한, 전류를 변화시키거나 코일 자체를 움직일 때에도 전류의 변동이 일어남을 알았다. 즉, 시간적으로 변화하는 자계는 폐회로에 전류를 흐르게 할 수 있는 전압을 발생시킨다. 이것을 전자유도 법칙이라 한다.

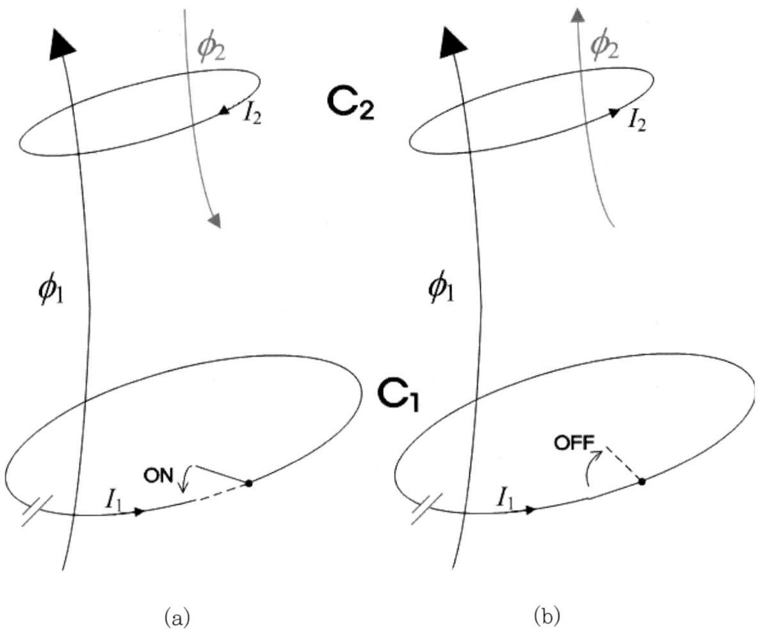

그림 7.1 전자유도에 관한 Faraday 실험. (a) C_1의 switch를 연결하면 I_1과 ϕ_1에 의해 C_2에는 ϕ_1[Wb]을 방해를 하는 자속 ϕ_2와 전류 I_2가 발생한다. ϕ_2와 I_2는 C_1의 경우와 반대 방향. (b) C_1의 switch를 열 경우 ϕ_1의 감소로 C_2에 원래의 ϕ_1과 같은 방향의 유도자속 ϕ_2가 발생. 전류 I_2와 자속 ϕ_2는 C_1과 같은 방향. 이 때 유도되는 ϕ_2와 I_2는 코일의 형태, 상호위치, 주위매질에 의존함.

그림 7.1과 같이 전자유도법칙이란 폐회로의 순간 자속이 변하면 이 변화를 방해하는 방향으로 기전력과 전류가 유도(induction)되는 현상을 말하며 Faraday법칙 또는 Lenz의 법칙이라 한다.

그림 7.2는 단일 코일 상에 자속을 변화시킬 경우 생성되는 기전력을 보여 준다. 이를 정성적으로 설명해 보자. (i) 초기 코일을 통과하는 자속은 ϕ [Wb]이고 (ii) 외부원인에 의한 자속의 증가분 $+d\phi$가 생성되면, (iii) 이 증분에 대해 코일 스스로 만든 자속의 감분이 생겨서 초기 자속 ϕ를 유지한다. 즉, 증분을 제거(자속을 줄이려는)하는 방향으로 유도전류와 유도 기전력(electromotive force)이 발생하게 된다.

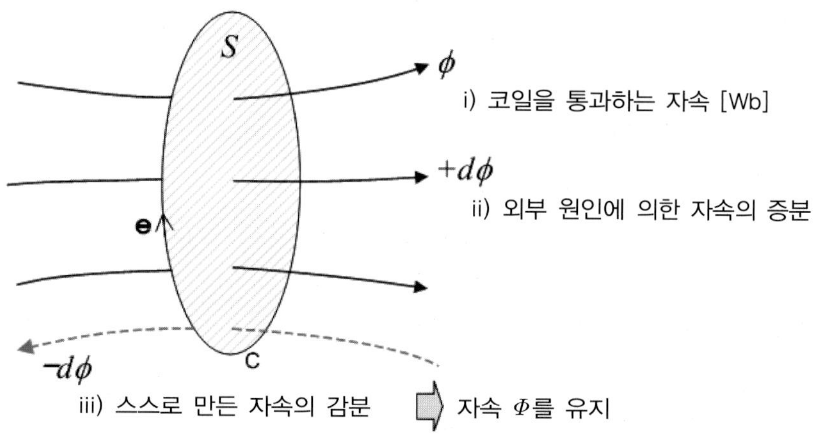

그림 7.2 단일 코일 상에 자속을 변화에 따른 기전력의 생성

이와 같이 자속이 시간에 따라 변할 때 생기는 유도기전력(emf)은 식(7-1)로 주어진다.

$$emf = -\frac{d\phi}{dt}\left[\frac{Wb}{s} = V\right] \qquad (7\text{-}1)$$

여기서 $d\phi/dt$는 자속의 시간변화율이며, 음 부호(-)는 자속의 변화를 방해하는 방향을 의미한다. 기전력 단위로는 자속이 1초에 1[Wb]변하면, 이 때 발생하는 기전력은 1[V]이다. 즉, 1[V] = 1[Wb/s], 1[Wb] = 1[Vs]. 이것은 1[A] = 1[C/s], 1[C] = 1[As]와 비교됨을 기억하자.

식(7-1)을 자속밀도 개념으로 정리하면 식(7-2)와 같이 표현될 수 있다.

$$-\frac{d\phi}{dt} = -\frac{d}{dt}\iint_S \vec{B} \cdot \hat{n}dS = -\iint_S \frac{d\vec{B}}{dt} \cdot \hat{n}dS \ [V] \qquad (7-2)$$

식(7-2)은 자속밀도 B가 시간 t에만 의존하는 경우에 대한 식이다. 또한, 자속 ϕ가 N권선의 코일을 통과한다면, 그 때의 유도기전력 emf는 식(7-3)과 같이 식(7-1)의 N배에 해당하는 값을 얻는다.

$$emf = -\frac{d\phi}{dt} N \ [V] \qquad (7-3)$$

여기서 ϕ는 N개의 동일한 권선중의 하나에 흐르는 자속이다. 기전력이란 스칼라이고 차원을 고려한 단위는 V이다. 일반적인 기전력은 “특정 폐회로에 대한 전압”으로

$$emf = \oint \vec{E} \cdot d\vec{l} \qquad (7-4)$$

으로 정의되며, 폐회로의 일정부분이 달라지면 기전력이 달라진다. 이 식은 정전계와는 확연히 다르다. 정전하분포에 의한 정전계에서 폐회로 상의 전위차는 0이었다. 즉, 정전계에서 폐회로에 대한 선적분은 전위차를 주고, 시변 계에서 선적분의 결과는 기전력 또는 전압과 같다.

식(7-2)와 (7-4)를 종합하면,

$$emf = \oint \vec{E} \cdot d\vec{l} = -\iint_S \frac{\partial \vec{B}}{\partial t} \cdot d\vec{S}$$

으로 표현할 수 있다. 여기서 편미분을 사용한 것은 식(7-2)에서 자속밀도 만이 시간에 따라 변하는 양이기 때문이다. 이 적분형 방정식에 대한 미분형을 유도하자.

폐곡선 선적분에 대한 스토크정리를 적용하고 적분을 소거하면 식(7-5)와 미분형을 얻을 수 있다.

$$\oint \vec{E} \cdot d\vec{l} = \int_S (\nabla \times \vec{E}) \cdot d\vec{S} = -\int_S \frac{\partial \vec{B}}{\partial t} \cdot d\vec{S}$$

$$\nabla \times \vec{E} = -\frac{\partial \vec{B}}{\partial t} \qquad \text{(7-5)}$$

이 식은 맥스웰의 전자기방정식 중의 하나로 폐곡로에 대한 Faraday 법칙의 미분형이라고도 한다. 만약 자속밀도가 시간에 독립일 경우인 정전계에 대해서도 성립하여야 한다. 즉, 정전계에 대해

$$\oint \vec{E} \cdot d\vec{l} = 0$$

$$\nabla \times \vec{E} = 0$$

이 된다.

이상과 같은 상호 전자유도 현상(그림 7.1)은 기계적 또는 전기에너지를 기전력으로 변환하는 장치에 응용되고 있다. 예를 들어 마이크로 폰(microphone), 발전기, 변압기 등이 그것에 해당한다.

예제

그림 7.1에서 1차 자속 $\phi_1 = 5\times10^{-4}$[Wb]가 1[ms] 사이에 2차 회로와 쇄교하는 경우 2차회로의 기전력(emf)은 얼마가 유도되는가.

$$e = -\frac{d\phi}{dt} = -\frac{5\times10^{-4}}{10^{-3}}[V] = -0.5[V]$$

따라서 더욱 빠르게 쇄교할 경우 기전력이 증가하는 것을 알 수 있다.

만약, $|\phi_1| = |\phi_2|$이면, 2차회로의 자속은 0이 된다. (자속의 shielding)

예제

다음 그림과 같이 면적 $20\times20[cm^2]$, 권선수 50[회]의 코일을 수직 관통하는 자계 (H=50A/cm)가 2[ms]사이에 소멸되었다. 코일에 발생하는 유도기전력은 얼마인가. 코일 내부가 공기 중인 경우와 비 투자율이 100인 철심의 경우를 비교하라.

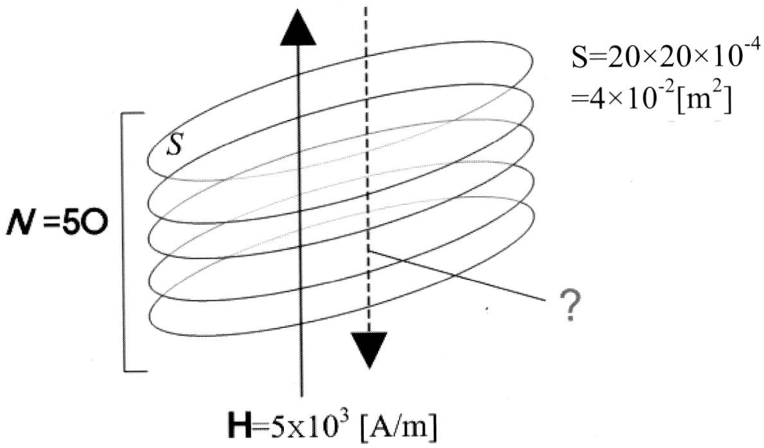

(i) 공기 중인 경우의 기전력 : $e_0 = -N\dfrac{d\phi_0}{dt}$

$$\phi_0 = BS = \mu_0 HS = 4\pi\times10^{-7}\times5\times10^3\times4\times10^{-2}$$
$$= 2.514\times10^{-4}\,[Wb]$$

$$\therefore\ e_0 = -6.285\,[V]$$

(ii) 철심 $(\mu_r = 100)$을 채운 경우의 기전력 : e_c

$$\phi_c = BS = \mu_0\mu_r HS = 2.514\times10^{-2}\,[Wb]$$

$$\therefore e_c = -628.5\,[V]$$

즉, 전자유도에서 μ_r의 자성체를 코일 내부에 채운 경우, 기전력 발생은 $\mu_r\times e_0$로 증가한다.

예제

자속밀도 $B=0.5[\text{Wb/m}^2]$의 자계와 수직으로 놓인 면적 S=20[cm^2], 권선수 N=1000인 코일면이, 그림과 같이 2[ms]사이에 자계와 평행위치로 회전하였다. 이때 발생하는 유도기전력은 얼마인가.

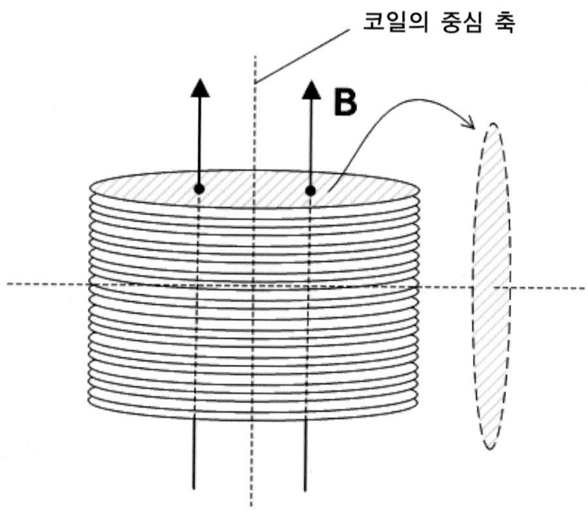

코일과 쇄교하는 자속 $\phi = BS = 0.5[\text{Wb/m}^2] \times 20 \times 10^{-4}[\text{m}^2] = 10^{-3}[\text{Wb}]$

$$\therefore \text{e} = -N\frac{d\phi}{dt} = -500[V]$$

예제

위의 예제에서 코일이 자계에 수직되는 축에 대해 3600[rpm]으로 회전한다면 코일에 유도되는 기전력의 최대치는 얼마인가.

코일을 통과하는 최대 자속 $\phi_m = 10^{-3}$[Wb]

– 회전주파수 f

$$f = \frac{3600}{60}\,[rps] = 60\,[Hz]$$

– 변화지속 $\phi = \phi_m coswt\,[Wb]$

∴ 유도기전력

$$e = -N\frac{d\phi}{dt} = N\phi_m sin\,(2\pi ft) \times 2\pi f = 377sin\,(377t)\;[V]$$

즉, 최대 기전력 377[V]이다.

⇨ “발전기 원리” : 코일 회전의 원인에 따라 발전소의 형식 결정된다.

7.2 운동도체에서의 유도기전력

그림 7.3과 같이 일정(평등) 자계 하에서 도체 회로 자체가 이동하는 경우를 고려하자. 여기서 B는 평등 자속밀도이고 코일은 B에 수직인 면에 놓여진다. 한 변 $ab=1$ [m]가 미소시간 dt [s] 동안 y축 방향으로 dy 만큼 이동하는 경우이다.

dy 만큼의 변동에 의한 자속의 증가는 $d\phi = Bldy\,[Wb]$ 이다. 따라서 기전력은 식 (7–6)을 만족한다.

$$e = -\frac{d\phi}{dt} = -Bl\frac{dy}{dt} = -Blv\,[V] \qquad (7\text{–}6)$$

여기서, v는 도선의 속도[m/s]이다. 음의 부호(–)는 자속의 증가를 방해하는 방향 즉, a에서 b 방향으로의 emf가 유도(전류가 생성)됨을 의미한다. 길이 l의 도선이 평등자계 하

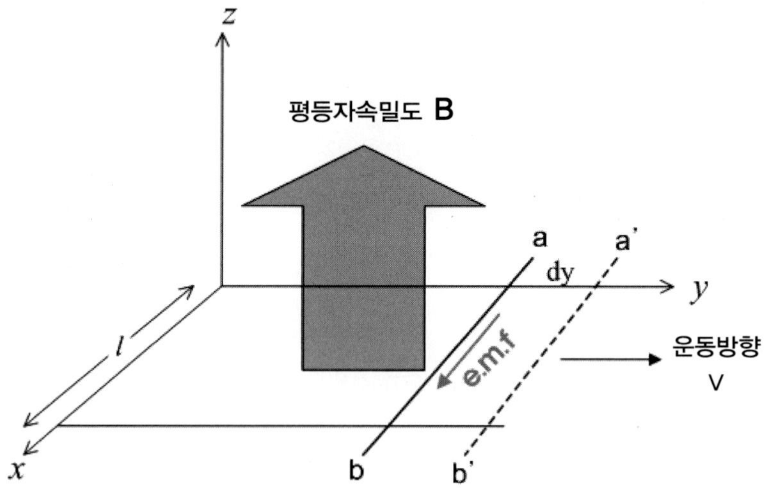

그림 7.3 평등자계 하의 운동도체에 의한 기전력 생성. 코일은 B에 수직인 면에 놓여있고 도선 ab 가 dt동안 dy 만큼 움직인다.

에서 길이 및 자속에 수직한 쪽으로 v 속도를 가지고 움직이는 경우 $e = Blv\,[V]$ 의 기전력이 도선에 유도된다. 이는 도선이 정지하고 자속이 변동하여도 같은 결과를 얻는다.

여기서, 자속밀도(B), 도선의 속도(v), 유도기전력(e) 사이의 관계는 플레밍의 오른손 법칙이 적용된다($B \perp v$). E_m을 단위길이 1[m]의 도선에 유도되는 기전력이라 하면(벡터량), 식 (7-7)이 성립한다.

$$e = \overrightarrow{E_m} \cdot \vec{l} = \vec{v} \times \overrightarrow{B} \cdot \vec{l} = vBl\,[V] \qquad (7-7)$$

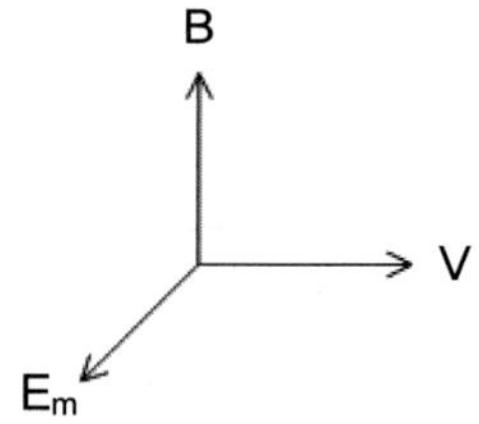

그림 7.4 Fleming의 오른손 법칙

만약 그림 7.5와 같이 B와 v가 수직이 아니고 각 θ를 갖는다면, 기전력을 야기하는 속도성분은 $v\sin\theta$이므로 기전력은 식 (7-8)로 표시된다.

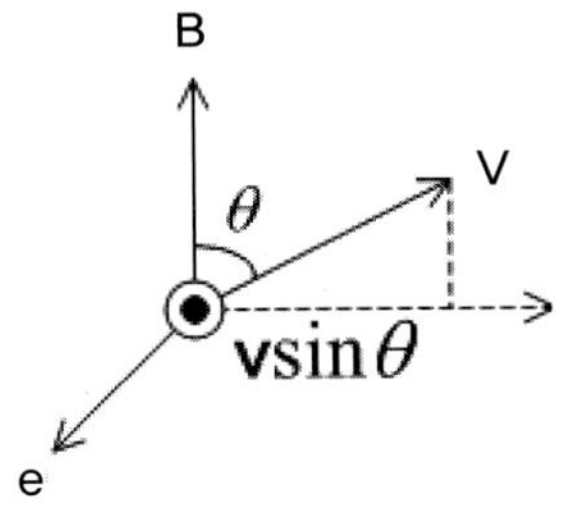

그림 7.5 자계와 속도가 수직이 아닌 경우의 기전력

$$e = vBl\sin\theta\ [V] \qquad (7\text{-}8)$$

이 식에서 도선이 자속방향으로 이동하면($\theta \sim 0$), 기전력의 발생이 없으며, $B \perp v$ 이면, 최대 기전력을 얻을 수 있다는 것을 알 수 있다. 식 (7-7)에서 길이 l은 $\oint_C \hat{n} \cdot d\vec{l}$과 같으므로 식 (7-9)가 성립된다.

$$e = \oint_C \overrightarrow{E_m} \cdot d\vec{l} = \oint_C (\vec{v} \times \vec{B}) \cdot d\vec{l}\ \ [V] \qquad (7\text{-}9)$$

시간 변화를 하는 B와 동시에 폐회로가 운동하는 경우를 고려하자. 이때 식 (7-2)와 (7-9)의 합성으로부터 기전력을 얻을 수 있다.

$$e = \oint_C (\vec{v} \times \vec{B}) \cdot d\vec{l} - \iint_S \frac{\partial \vec{B}}{\partial t} \cdot \hat{n} dS\ [V] \qquad (7\text{-}10)$$

식 (7-10)에서, 일정 자계 하에서 도선이 움직이는 경우는 제 2항이 0이 되며, 회로는 고정되고 자속이 시간에 따라 변하는 경우는 제 1항이 0으로 된다.

예제

x 방향 평등자계 B=1.25[Wb/m²] 내에 놓인 z 방향도선 1.5[m]가 y 방향으로 108[km/h]의 속도 v로 이동할 경우 도선 양단에 유기되는 기전력은?

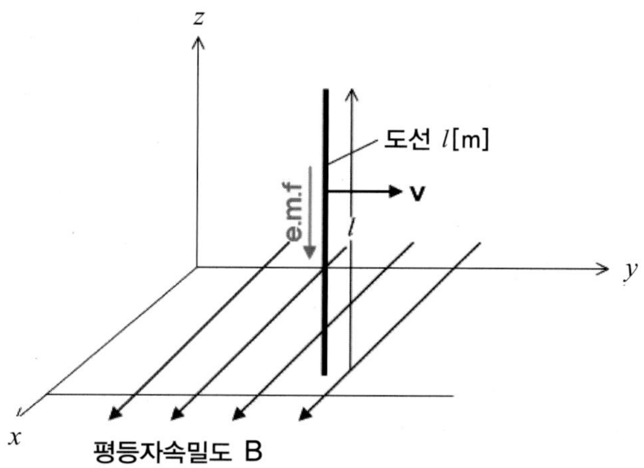

$$e = \overrightarrow{E_m} \cdot \vec{l} = (\vec{v} \times \vec{B}) \cdot \vec{l} = vBl\,[V]$$

$$\vec{v} = 108j\,[km/h] = 30j\,[m/s]$$

$$\vec{B} = 1.25i\,[Wb/m^2]$$

$$\vec{l} = 1.5k\,[m]$$

$$\therefore e = (30j \times 1.25i) \cdot 1.5k = -56.25\,[V]$$

즉, 방향은 −z 방향이다.

예제

앞 예제에서 이동도체 ab가 y = 0.1sin5πt[m]와 같은 속도로 이동할 때 V_{12}는 얼마인가. (단, $\vec{B} = \hat{i}\,[Wb/m^2]$, $\vec{l} = 0.2\hat{k}\,[m]$)

$\vec{v} = \frac{dy}{dt}\hat{j} = \hat{j}0.5\pi cos5\pi t\,[m/s]$, $e = (\vec{v} \times \vec{B}) \cdot \vec{l}$ 이므로

$$\vec{v} \times \vec{B} = \hat{j}0.5cos5\pi t \times \hat{i} = -(0.5\pi cos5\pi t)\hat{k}$$

$$e = (\vec{v} \times \vec{B}) \cdot \vec{l} = -(0.5\pi cos\pi t)\hat{k} \cdot 0.2\hat{k} = -0.314cos5\pi t\,[V]$$

$$\therefore V_{12} = -0.314cos5\pi t\,[V]$$

예제

다음 그림과 같이 코일이 일정 각속도(w)를 가지고 회전할 경우, 유도기전력을 구하라.

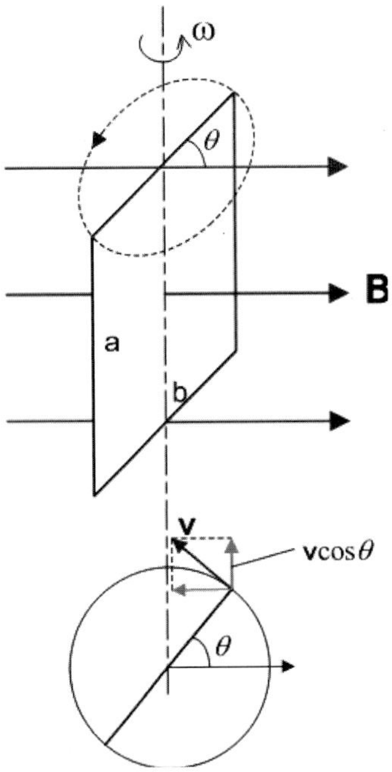

도체가 운동하는 경우로 각변이 a, b인 코일이 평등 자속 밀도 B 중에서 일정 각속도 ω [rad/s]로 회전한다면, b는 자속을 가로지르지 않으므로 a에 의해서만 기전력이 유기된다.

$\overrightarrow{v}$를 회로 끝점운동(원운동)의 접선 속도라 하면, 이때 자속을 끊는 속도 성분은 $v\cos\theta$이다.

또한, 도선의 길이 = 2a

(7-9)식으로부터,

$$e = 2avB\cos\theta\ [V]$$

$$\theta = wt\,[rad],\ v = \frac{1}{2}bw\,[m/s]\ (\because w = \frac{v}{r} = v\frac{2}{b})$$

$$e = Babwcoswt = BSwcoswt = \phi_m 2\pi fcos2\pi ft\,[V]$$

이 결과 역시 발전기의 원리를 설명해 주는 예이다.

[제8장]

전자계와 맥스웰방정식

지금까지의 정전계와 정자계 즉, 시간에 무관한 계에 대한 것과 시간에 따라 변하는 전계, 자계에서의 개개의 현상을 기초로 하여 법칙을 유도하였다. 여기서는 시변 계에 대한 좀 더 구체적인 특성과 전계-자계 간의 상관성에 대하여 고찰하여 보자.

Faraday의 전자유도법칙에서 변화하는 자계에 의해 기전력 즉, 전계가 유도될 수 있음을 알았다. 또한, 반대로 전계의 변화에 의해 자계가 유도된다. 이것은 J. C. Maxwell의 이론적인 결과로부터 알려 졌다.

지금까지는 전계, 자계에 관한 몇 개의 현상을 기초로 하여 법칙을 세워왔으나, 맥스웰은 Henry, Faraday, Gauss, Ampere의 원리를 묶고 체계적으로 정리하고 종합하여 전자장론(電磁場論)이라는 이론을 발표하였다(1864).

이 이론에 사용된 4개의 기본방정식들을 세웠다. 이 방정식들로부터 전자파(electro-magnetic wave)를 예언할 수 있었으며, 이 후 전자파에 대한 실험이 성공하므로 오늘날의 유·무선통신 및 광통신분야의 발전을 가져오게 되었다.

8.1 전기, 자기 개별현상 요약

가. 정전계 방정식들

"임의의 폐곡면 내의 전하 Q에서 발산되는 전기력선 총수는 Q의 $1/\varepsilon$ 배와 같다."는 가우스법칙(Gauss' law)은 다음과 같다.

$$\oiint_S \vec{E} \cdot \hat{n} dS = \frac{1}{\epsilon} \iint_S \vec{D} \cdot \hat{n} dS = \frac{Q}{\epsilon} \qquad \text{(8-1)}$$

$$\oiint_S \vec{D} \cdot \hat{n} dS = Q$$

"임의의 폐곡면 내에서 단위 체적에서 발산되는 전력선의 적분 값은 이 체적을 둘러싸는 전 표면을 통해 발산하는 총 전력선과 같다."는 발산정리(divergence theorem, Gauss의 선속 정리)를 적용하면 식 (8-2)와 같다.

$$\iiint_v \nabla \cdot \vec{E} dv = \oiint_S \vec{E} \cdot \hat{n} dS \qquad \text{(8-2)}$$

Q 대신에 공간전하분포 ρ 를 적용하면 식 (8-3)과 같다.

$$Q = \iiint_v \rho dv \qquad \text{(8-3)}$$

식(8-1), (8-2), (8-3)을 종합하면 다음과 같이 정전자계에 대한 맥스웰방정식 중의 하나인 가우스법칙의 미분형이 얻어진다.

$$\oiint_S \vec{D} \cdot \hat{n} dS = \iiint_v \nabla \cdot \vec{D} dv = \iiint_v \rho\, dv$$

$$\nabla \cdot \vec{D} = \rho\, [C/m^3] \qquad \text{(8-4)}$$

$$\vec{D} = \epsilon \vec{E}\, [C/m^2]$$

"정전계에서 전속선밀도 D 및 전계 또는 전력선밀도 E의 회전은 0"으로 정전계는 보존계(conservative field)이다. 이것을 벡터 미분 연산자를 이용하면 식 (8-5)로 기술되며 이 역시 정전자계에 대한 맥스웰방정식 중의 하나의 식이다.

$$\nabla \times \vec{E} = 0 \qquad \text{——— (8-5)}$$

또한, 전력선은 전위가 낮아지는 방향 (+ ⇨ -)으로 향한다. 즉, “전계는 전기퍼텐셜의 기울기의 값을 가지며 방향은 기울기가 감소하는 방향을 갖는다”. 이것을 식으로 표현하면 식 (8-6)과 같다.

$$\vec{E} = -\nabla V\,[V/m] \qquad \text{——— (8-6)}$$

전계가 존재하는 자유공간 상의 한 점에 대한 전위 V의 2차 미분방정식을 Poisson 방정식이라 한다.

$$\nabla \cdot \vec{E} = \frac{\rho}{\epsilon_0},\ \vec{E} = -\nabla V$$

$$\rho = \epsilon_0(\nabla \cdot \vec{E}) = -\epsilon_0 \nabla \cdot (\nabla V) = -\epsilon_0 \nabla^2 V$$

$$\nabla^2 V = -\frac{\rho}{\epsilon_0} \qquad \text{——— (8-7)}$$

만약, 고찰점에 전하가 없다면($\rho = 0$) 식 (8-7)은 식(8-8)로 정리되며 이 경우를 특히 Laplace 방정식이라 한다.

$$\nabla^2 V = 0 \qquad \text{——— (8-8)}$$

정전계 공간에서 단위 체적 당 저장되는 에너지인 정전에너지밀도는 식(8-9)로 정의된다.

$$w_E = \frac{1}{2}\vec{E} \cdot \vec{D}\left[\frac{J}{m^3}\right] \qquad \text{——— (8-9)}$$

나. 정자계 방정식

"임의의 폐곡선 C에 대한 자계 H[A/m]의 선적분은 이 폐곡면을 관통하는 전류 *I*[A]와 같다."는 Ampere의 주회법칙의 적분형은 다음식으로 표현된다. :

$$\oint_C \vec{H} \cdot \hat{n}\, dl = I \qquad \text{———— (8-10)}$$

(좌표함수로 주어지는 벡터함수에 대해) 면적분은 선적분으로 치환할 수 있다. 이를 스토크정리(Stokes' theorem)라하며 식(8-10)에 적용하자. 벡터 $\vec{A}$를 임의의 공간벡터라 하면

$$\int_S (\nabla \times \vec{A}) \cdot d\vec{S} = \oint_c \vec{A} \cdot d\vec{l} \qquad \text{———— (8-11)}$$

공간전류 밀도를 $\vec{J}\,[A/m^2]$를 도입하면 전류는 다음과 같이 전류밀도의 면적분으로 표시된다.

$$I = \iint_S \vec{J} \cdot d\vec{S} \qquad \text{———— (8-12)}$$

$\oint_C \vec{H} \cdot \hat{n}\, dl = \int_S (\nabla \times \vec{H}) \cdot \hat{n}\, dS = I = \int_S \vec{J} \cdot \hat{n}\, dS$ 이므로 식(8-13)과 같은 Ampere의 주회적분에 대한 미분방정식을 얻을 수 있으며, 이것이 자계가 시간 변화가 없을 때의 맥스웰 방정식 중의 하나가 된다.

$$\nabla \times \vec{H} = \vec{J}\,[A/m^2] \qquad \text{———— (8-13)}$$
$$\vec{B} = \mu \vec{H}\,[Wb/m^2]$$

또한, 시간변동이 없는 자계(정자계)에서 임의의 폐곡면을 통하여 나가는 자속선은 존재하지 않는다. 실제로 이것은 자속선이 있다면 S를 통하여 나가는 수와 들어오는 수가 같다

는 것을 의미한다. 이것을 수식화하면,

$$\int_S \vec{B} \cdot \vec{n} ds = 0$$

이다. 이것에 발산정리를 적용하면, $\int_v \nabla \cdot \vec{B} dv = \int_s \vec{B} \cdot \hat{n} ds$ 이므로 정전자계에 대한 맥스웰방정식의 마지막 식이 얻어진다.

$$\nabla \cdot B = 0 \text{ (자속의 연속성 만족)} \qquad \text{——— (8-14)}$$

전계에서의 스칼라퍼텐셜 V와 비교되는 자계의 물리량인 벡터 퍼텐셜 $\vec{A}$를 도입하자. 벡터퍼텐셜은 Biot-Savart 법칙과 Ampere 주회적분 법칙을 일반화한 벡터이다.

$\vec{A}$를 공간좌표 (x, y, z)의 함수라고 하면,

$$\nabla \cdot \nabla \times \vec{A} \equiv 0$$

이 된다. 여기서 $\vec{B} = \nabla \times \vec{A}\,[Wb/m^2]$로 놓을 수 있으며, $\vec{A}$를 $\vec{B}$에 대한 자기 벡터퍼텐셜 or "vector potential" 이라 하며, 단위는 [Wb/m]이다. 또한, 자속밀도 $\vec{B}$가 연속성을 가지므로 $\vec{A}$ 역시 연속성을 만족해야 한다. 즉,

$$\nabla \times \vec{A} = 0$$

이다. 식(8-13)을 $\vec{A}$에 대한 항으로 표현하면, 식 (8-15)와 같다.

$$\nabla \times \vec{H} = \vec{J} = \frac{1}{\mu} \nabla \times \vec{B} = \frac{1}{\mu} \nabla \times \nabla \times \vec{A}\,[A/m] \qquad \text{——— (8-15)}$$

벡터 공식 $\nabla \times \nabla \times \vec{A} = \nabla(\nabla \cdot \vec{A}) - \nabla^2 \vec{A}$ 에서 $\nabla \cdot \vec{A} = 0$ 이므로 식 (8-16)이 성립함을 알 수 있다.

$$\nabla^2 \overrightarrow{A} = -\mu \overrightarrow{J} \, [Wb/m^3] \qquad (8\text{-}16)$$

정자계 공간에서 단위 체적 당 저장되는 에너지인 정자에너지밀도는 식(8-17)로 정의된다.

$$w_E = \frac{1}{2} \overrightarrow{H} \cdot \overrightarrow{B} \left[\frac{J}{m^3} \right] \qquad (8\text{-}17)$$

8.2 변위전류 (變位電流, displacement current)

8.1절은 위치함수 (x, y, z) 만으로 정해지는 E, H에 대한 제반 법칙들이다. 위치함수에 더하여 시간함수(t)에 따른 E와 H의 변화로부터 맥스웰의 電磁방정식을 유도한다.

전류는 크게 다음과 같이 3종류로 분류될 수 있다.

전도전류 (conduction current) : $\overrightarrow{J} = \sigma \overrightarrow{E}$ $[A/m^2]$ (도체)

대류전류 (convection current) : $\overrightarrow{J} = \rho \overrightarrow{v}$ (전해액, 플라즈마)

변위전류 (displacement current) : (진공, 공기 or 유전체 등)

가. 전도전류

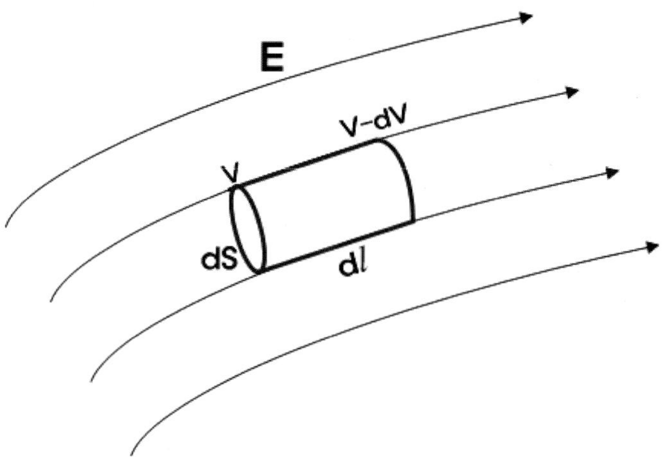

그림 8.1 전도전류 설명

전도도 σ[S/m]인 공간 도체에서의 전도 전류 I의 표현식을 구하자. 전기 저항은 식 (8-18)로 표시된다.

$$R = \rho\frac{dl}{dS} = \frac{dl}{\sigma dS} \qquad \text{——— (8-18)}$$

전위차 dV[V]를 이용하여 Ohm 법칙을 기술하면 식(8-19)와 같다.

$$JdS = \frac{dV}{\frac{dl}{\sigma dS}}\ [A] \qquad \text{——— (8-19)}$$

$$\text{전계}\ E[V/m] = \frac{dV}{dl} \qquad \text{——— (8-20)}$$

따라서 식(8-19)로부터 식 (8-21)과 같은 전도전류에 대한 오옴법칙의 미분형을 얻을 수 있다.

$$\vec{J} = \sigma\vec{E}\,[A/m^2] \qquad \text{——— (8-21)}$$

나. 대류전류

그림 8.2와 같이 공간전하분포 ρ를 갖는 공간(예, 전해액, Plasma층) 내에 좌표를 설정하자. Δt 동안 Δx 만큼 v속도를 가지고 이동하였다면, ΔS를 통한 전하량은 식 (8-22)와 같다.

$$\triangle Q = \rho\triangle S\triangle x\,[C] \qquad \text{——— (8-22)}$$

전하량의 시간변화율이 전류의 변화는 식 (8-23)으로 표시되며 여기서 v는 x 방향의 속도 성분이다.

$$\triangle I = \frac{\Delta Q}{\Delta t} = \rho\Delta S\frac{dx}{dt} = \rho\Delta S v_x\ [A] \qquad \text{——— (8-23)}$$

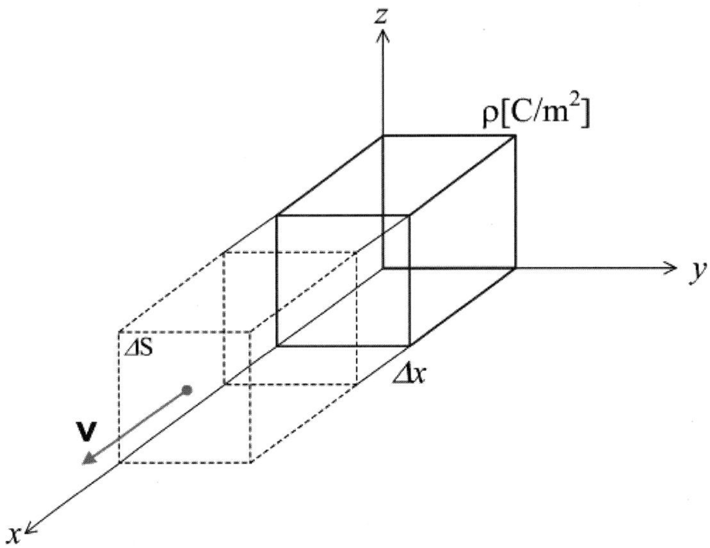

그림 8.2 대류전류 설명

따라서, 대류전류에 의한 전류밀도는 식 (8-24)로 주어진다.

$$J_x = \rho v \ [A/m^2] \qquad \text{(8-24)}$$
$$\therefore \ \vec{J} = \rho \vec{v}$$

다. 변위전류

그림 8.3과 같이 스위치 κ를 이용하여 유전체(ε)가 채워진 커패시터(capacitor)를 충전하는 순간을 고려한다. 극판 S[m^2], 충전 전하밀도 ρ_s[C/m^2], 극판 전속밀도 D[C/m^2]라 하자. $\vec{D} = \rho_s [C/m^2]$는 시간과 공간에 따라 변화한다.

극판 충전 전하 $Q = \rho_s S = DS[C]$로 주어지며, 극판으로 유입되는 전류(전도 전류)는 식 (8-25)로 주어진다.

$$I = \frac{dQ}{dt} = \frac{\partial \rho_s}{\partial t} S = \frac{\partial D}{\partial t} S = I_d [A] \qquad \text{(8-25)}$$

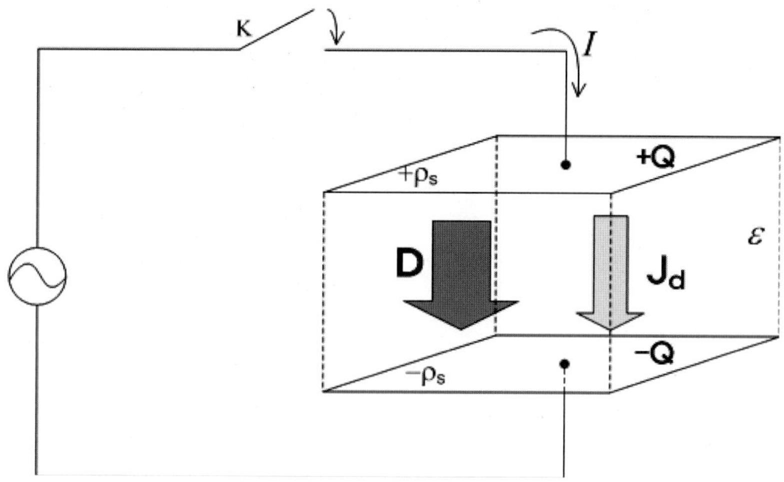

그림 8.3 변위전류 설명

즉, 전도 전류는 전속밀도의 시간변화량 I_d로 변환된다. 따라서 변위전류밀도는 식 (8−26)이 된다.

$$\overrightarrow{J_d} = \frac{\partial \overrightarrow{D}}{\partial t} \left[\frac{A}{m^2} \right] \qquad \text{(8−26)}$$

이 커패시터 구성 전류는 전도전류와 변위전류의 합이 된다. 평행판 커패시터 C 양단에 그림 8−4와 같이 $e = V_m sinwt [V]$ 의 교류전압이 인가된 경우를 생각하자.

그림 8.4에 대해 변위전류를 구하자.

$$C = \epsilon \frac{S}{d} \ [F]$$

$$E = \frac{e}{d} = \frac{V_m}{d} sinwt \ [V/m]$$

$$D = \epsilon E = \frac{\epsilon V_m}{d} sinwt \ [C/m^2]$$

$$\frac{\partial D}{\partial t} = \frac{\epsilon V_m}{d} w \ coswt \ [A/m^2]$$

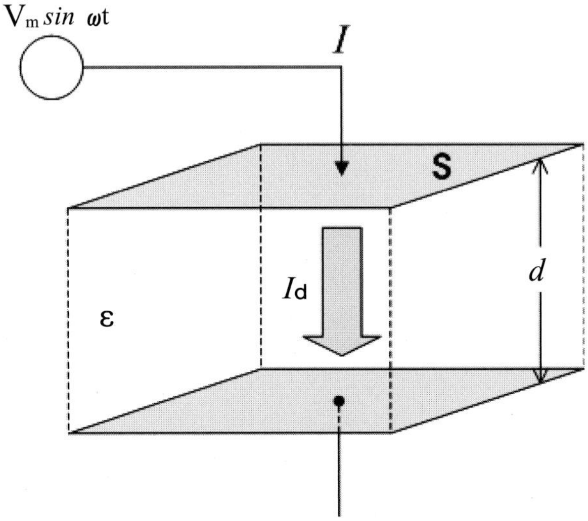

그림 8.4 평행판 커패시터에 교류 전원인가

따라서 변위전류는 식(8-27)과 같으며, 변위전류 I_d가 전압보다 위상이 90° 앞서는 것을 알 수 있다.

$$I_d = S\frac{\partial D}{\partial t} = \frac{\epsilon S}{d} w V_m coswt = \frac{\epsilon S}{d} w V_m sin(wt + \frac{\pi}{2})\ [A] \qquad (8-27)$$

이에 대한 전도 전류를 구하자.

$$J = \sigma E$$
$$I = S\sigma E = \frac{\sigma S}{d} V_m sinwt\ [A]$$

$|I_d| = |I|$ 가 되는 경우,

$$\left| \frac{\epsilon S}{d} w V_m sin(wt + \frac{\pi}{2}) \right| = \left| \frac{\sigma S}{d} V_m sinwt \right|$$

$$\epsilon w = \sigma,\ \epsilon 2\pi f_c = \sigma \qquad (8-28)$$

가 된다. 여기서 $f_c = \frac{\sigma}{2\pi\epsilon}[Hz]$ 으로 이를 매질에 대한 임계주파수(critical frequency)라 한다. 동일매질(σ, ε)의 경우라도 $f > f_c$ 이면 $|I_d| > |I_\sigma|$로 유전(절연) 특성을 보이며 $f < f_c$이면 $|I_d| < |I_\sigma|$ 로 전도 특성을 보인다.

일반적으로 동일매질에서, $f > 100 f_c$인 경우 ⇨ 유전성, $f < 0.01 f_c$의 경우 ⇨ 도전성, $0.01 f_c < f < 100 f_c$ 사이의 주파수 ⇨ 준도전성(quasi-conductor) 특성을 갖는다.

예

바닷물 $(\epsilon_r = 80, \sigma = 4)$ 인 경우, f_c는 9×10^8Hz(microwave)로 $f > 100\,GHz$인 경우는 유전성을 $f < 1\,GHz$인 경우는 절연성을 보인다.

8.3 맥스웰의 전자방정식

정지상태 전하에 의한 전계와 정상전류에 의한 자계가 공존하는 정전자계(靜電磁界)를 표시하는 방정식은 다음과 같았다. 이를 시간 독립 맥스웰방정식이라 한다.

$$\nabla \cdot \vec{D} = \rho \qquad (8-29)$$

$$\nabla \times \vec{E} = 0 \qquad (8-30)$$

$$\nabla \cdot \vec{B} = 0 \qquad (8-31)$$

$$\nabla \times \vec{H} = J \qquad (8-32)$$

또한, 정상전류의 연속방정식은 식(8-33)으로 주어졌다.

$$\nabla \cdot \vec{J} = 0 \qquad (8-33)$$

그러나 전계, 자계 그리고 전류가 시간에 의존하는 경우인 시변 전자계(時變 電磁界)에 대해서는 식(8-29)~(8-33) 중 일부가 수정되어야 한다.

전계-자계간의 관계를 표시하는 Faraday의 전자유도법칙의 미분형을 이용하므로 식(8-30)이 수정될 수 있다.

$$e = -\frac{d\phi}{dt} = -\iint_S \frac{\partial \vec{B}}{\partial t} \cdot d\vec{S}\ [V]$$

이다. 또한, 전자유도에 의해 코일 C에 생기는 기전력과 전계 E와의 관계는

$$e = \oint \vec{E} \cdot d\vec{l}\ [V]$$

이다. 따라서

$$\oint \vec{E} \cdot d\vec{l} = -\int_S \frac{\partial \vec{B}}{\partial t} \cdot d\vec{S}$$

$$\Rightarrow Stocke's \Rightarrow \int_S (\nabla \times \vec{E}) \cdot d\vec{S}$$

이므로, 양변을 미분하면 식 (8-34)식이 얻어진다. 이것은 식(8-30)의 수정식으로 시변 전자계에서의 맥스웰 전자파방정식의 하나의 식이 된다. 즉,

$$\nabla \times \vec{E} = -\frac{\partial \vec{B}}{\partial t} \qquad (8-34)$$

으로 이 수식은 “자속밀도 B가 시간적으로 변하는 경우, 이를 방해하는 방향(-)으로 전계 E가 B주위를 회전 한다”로 해석될 수 있다.

시변전류의 연속방정식을 말로 표현하면, "폐곡면 S를 통해 유출되는 전 전류는 체적 v 내의 시간에 따라 감소하는 전하량과 같다"이다. 이를 수식으로 다음과 같이 표현이 가능하다.

$$\int_S \vec{J} \cdot d\vec{S} = -\frac{d}{dt}\int_v \rho\, dv$$

여기에 발산정리를 적용시키면 윗 식의 첫항은 $\int_v \nabla \cdot \vec{J} dv$ 가 되며, 양변을 미분하므로 식(8-35)와 같은 정상상태 연속방정식인 식(8-33)의 수정식이 얻어진다.

$$\nabla \cdot \vec{J} = -\frac{\partial \rho}{\partial t} \qquad \text{——— (8-35)}$$

식(8-32) 역시 시변 전자계에 대해서는 수정되어야 한다. 식 (8-32)의 양변에 대해 발산을 취하면(∇ •),

$$\nabla \cdot (\nabla \times \vec{H}) = \nabla \cdot \vec{J}$$

이 된다. 벡터 공식 "벡터의 회전에 대한 발산 = 0"이므로 $\nabla \cdot (\nabla \times \vec{H}) = \nabla \cdot \vec{J} = 0$가 된다. 이 식은 정상전류 연속방정식인 (8-32)식은 만족하지만, 시변전류 연속식인 (8-35)식에는 모순되며 이를 만족하기 위해서는 식(8-32)의 우항이 $\vec{J}$ 가 아니거나, 또는 $\vec{J}+\alpha$ 가 되어야 한다.

그러나 식(8-32)은 Ampere 주회법칙의 미분형으로 이 법칙에 따라 우항은 전류성분이어야 하며 따라서 우항은 $\vec{J}+\alpha$이어야 함을 알 수 있다. α에 전류밀도와 같은 단위를 갖는 변위전류밀도 $\partial\vec{D}/\partial t$ 를 첨가하여 정리하면 식 (8-36)이 얻어진다.

$$\nabla \times \vec{H} = \vec{J} + \frac{\partial \vec{D}}{\partial t} \qquad \text{——— (8-36)}$$

식(8-36) 역시 시변 전자계에 대한 맥스웰 전자방정식의 하나로 이 수식은 "전속밀도가 시간에 따라 변하는 경우, 임의 점에서의 자계의 회전은 그 점에서의 전류밀도와 변위전류 밀도의 합에 해당하는 물리량과 같다"로 해석될 수 있다.

식(8-34), 식(8-36)과 함께 식(8-29), 식(8-31)의 4식을 맥스웰의 기초방정식(fundamental equations) 또는 맥스웰 전자기방정식의 미분형 또는 점형식(point forms)이라 한다.

$$\nabla \cdot \overrightarrow{D} = \rho \qquad \text{——— (8-37)}$$

$$\nabla \times \overrightarrow{E} = -\frac{\partial \overrightarrow{B}}{\partial t} \qquad \text{——— (8-38)}$$

$$\nabla \cdot \overrightarrow{B} = 0 \qquad \text{——— (8-39)}$$

$$\nabla \times \overrightarrow{H} = J + \frac{\partial \overrightarrow{D}}{\partial t} \qquad \text{——— (8-40)}$$

이 식들은 비등방성(anisotropic), 비균질성(inhomogeneous), 비선형적(non-linear) 매질에 대해 성립하는 일반식이다.

연습문제

$\nabla \cdot \overrightarrow{D} = \rho$로부터 Gauss 법칙, $\nabla \times \overrightarrow{H} = J$로부터 Ampere 주회법칙, $\nabla \cdot \overrightarrow{J} = 0$으로부터 전류의 연속성, $\nabla \cdot \overrightarrow{B} = 0$으로부터 자속밀도의 연속성을 설명하라. 또한, $\nabla \times \overrightarrow{E} = 0$의 물리적 의미를 설명하라.

4개의 맥스웰의 기초방정식에 대한 적분형 (맥스웰 기초방정식의 적분형)을 정리하면 다음과 같다.

(8-37)式 ⇨ $\oint_S \vec{D} \cdot d\vec{S} = \int_v \rho dv$ (Gauss 법칙)

(8-38)式 ⇨ $\oint_C \vec{E} \cdot d\vec{l} = -\frac{\partial}{\partial t}\int_S \vec{B} \cdot d\vec{S}$ (Faraday 법칙)

(8-39)式 ⇨ $\oint_S \vec{B} \cdot d\vec{S} = 0$ (자속밀도의 연속성)

(8-40)式 ⇨ $\oint_C \vec{H} \cdot d\vec{l} = \int_S \vec{J} \cdot d\vec{S} + \frac{\partial}{\partial t}\int_s \vec{D} \cdot d\vec{S}$ (Ampere 주회법칙)

8.4 전자파 (電磁波, electromagnetic wave)

맥스웰방정식을 이용하여 횡파(transverse wave)인 전자파의 기본 이론을 알아보자. 맥스웰방정식을 적용한 가장 간단한 전자파인 균일 평면파(planewave)는 에너지를 전파하는 기본 매체로 중요성을 갖는다.

가. 자유공간 파동방정식

원천이 없고($\rho[C/m^3] = 0, J[A/m^2] = 0$), 유전율 = $\epsilon_0[F/m]$, 투자율 = $\mu_0[H/m]$인 자유공간에 대해 시간 변화를 갖는 전계와 자계에 대한 맥스웰 방정식 중 2항, 4항은 다음과 같은 식으로 표현된다.

$$\nabla \times \vec{E} = -\frac{\partial \vec{B}}{\partial t} = -\mu_0 \frac{\partial \vec{H}}{\partial t} \qquad \text{——— (8-41)}$$

$$\nabla \times \vec{H} = \vec{J} + \frac{\partial \vec{D}}{\partial t} = \frac{\partial \vec{D}}{\partial t} = \epsilon_0 \frac{\partial \vec{E}}{\partial t} \qquad \text{——— (8-42)}$$

식(8-41)의 양변에 회전연산자($\nabla \times$)를 적용하고 식(8-42)를 대입하여 정리하면,

$$\nabla \times \nabla \times \vec{E} = -\frac{\partial}{\partial t} \nabla \times \vec{B} = -\mu_0 \frac{\partial}{\partial t} \nabla \times \vec{H} = -\epsilon_0 \mu_0 \frac{\partial^2 \vec{E}}{\partial t^2} \qquad \text{——— (8-43)}$$

이 된다. 벡터식 $\vec{A}\times(\vec{B}\times\vec{C})=\vec{B}(\vec{C}\cdot\vec{A})-\vec{C}(\vec{A}\cdot\vec{B})$ 으로부터 식(8-43)의 좌항은 다음과 간은 연산관계를 갖는다.

$$\nabla\times\nabla\times\vec{E}=\nabla(\nabla\cdot\vec{E})-\nabla^2\vec{E} \qquad \text{(8-44)}$$

원천이 없는 자유공간에서 $\rho[C/m^3]=0$이므로 식(8-44)에서 $(\nabla\cdot\vec{E})=0$ 이 되므로 식은 (8-43)식은 식(8-45)와 같은 전계에 대한 2차미분방정식으로 표현된다.

$$\nabla^2\vec{E}=\epsilon_0\mu_0\frac{\partial^2\vec{E}}{\partial t^2} \qquad \text{(8-45)}$$

마찬가지로 (8-42)식에 회전연산자를 대입하고 벡터정리인 식(8-46)을 적용하자.

$$\nabla\times\nabla\times\vec{H}=\epsilon_0\frac{\partial}{\partial t}\nabla\times\vec{E}=-\epsilon_0\mu_0\frac{\partial^2\vec{H}}{\partial t} \qquad \text{(8-46)}$$

$$\nabla\times\nabla\times\vec{H}=\nabla(\nabla\cdot\vec{H})-\nabla^2\vec{H} \qquad \text{(8-47)}$$

(8-47)의 오른 쪽 첫 번째 항은 자계의 연속성에 의해 0이므로 식은 (8-48)로 단순화 된다.

$$\nabla^2\vec{H}=\epsilon_0\mu_0\frac{\partial^2\vec{H}}{\partial t^2} \qquad \text{(8-48)}$$

식(8-45)와 식(8-48)이 자유공간에서의 전계 및 자계에 대한 미분파동방정식(differential wave equation)이다.

식(8-45)에서 전계 $\vec{E}$가 E_x성분만을 갖고 z-방향으로 전파하는 "정현파(sinusoidal wave)"를 고려하자. 즉, E는 시간(t)과 공간(z)에 의존하므로 미분 파동방정식은 식(8-49)로 표현될 수 있다.

$$\frac{\partial^2 E_x}{\partial^2 z} = \epsilon_0 \mu_0 \frac{\partial^2 E_x}{\partial t^2} \qquad \text{—— (8-49)}$$

이 편미분방정식을 변수분리법을 이용하여 풀어서 식(8-50)과 같은 일반해를 얻을 수 있다.

$$E_x = E_m \cos w\left(t - \frac{z}{v}\right) + E_m \sin w\left(t + \frac{z}{v}\right) \left[\frac{V}{m}\right] \qquad \text{—— (8-50)}$$

식 (8-50)의 우 항의 첫째 항이 +z 진행파이며 둘째 항은 −z방향의 후진파를 나타낸다. 여기서 v는 진공에서의 전자파의 속도로 빛의 속도 c와 같다.

$$v = c = \frac{1}{\sqrt{\epsilon_0 \mu_0}} \left[\frac{m}{s}\right] \qquad \text{—— (8-51)}$$

즉, 자유공간에서 $v = 1/\sqrt{\epsilon_0 \mu_0} = 3 \times 10^8\,[m/s]$로 광속과 같다. 맥스웰은 파동방정식에서 빛은 전자파의 일종이라고 가정하였으며, 이후 이 가정이 옳다는 것이 증명되었다.

예제

식 (8-51)에 대해 진공의 유전율과 투자율 값을 대입하여 빛의 속도가 얻어짐을 증명하라.

나. 유전체 및 도체에서의 파동방정식

원천이 없으며($\rho = 0, J = 0$), 유전율 = $\epsilon[F/m]$, 투자율 = $\mu[H/m]$인 매질에서의 파동방정식은 식(8-45)와 식(8-48)에서 유전율, 투자율만을 대체해서 다음과 같이 표현할 수 있다.

$$\nabla^2 \overrightarrow{E} = \epsilon\mu \frac{\partial^2 \overrightarrow{E}}{\partial t^2}$$
$$\nabla^2 \overrightarrow{H} = \epsilon\mu \frac{\partial^2 \overrightarrow{H}}{\partial t^2} \qquad \text{—— (8-52)}$$

전도성매질($\sigma[S/m]$)의 경우는 전개과정 중에 사용했던 식(8-42) 대신에 다음과 같은 식을 적용해야 한다. 즉,

$$\nabla \times \vec{H} = \vec{J} + \frac{\partial \vec{D}}{\partial t} = \epsilon \frac{\partial \vec{E}}{\partial t} + \sigma \vec{E} \qquad \text{(8-53)}$$

을 사용한다. 여기서 J는 가한 원천 전류가 아닌 전계에 의해 발생한 전도전류($\vec{J} = \sigma \vec{E}$)이다. 도체내부에서 자유전하는 0이므로 $\nabla \cdot \vec{E} = 0$이다. 도체에 대한 파동방정식을 구하기 위해 식(8-41)의 양변에 회전($\nabla \times$)을 취하고 식(8-44), 식(8-53)를 대입하면

$$\nabla \times \nabla \times \vec{E} = -\mu \frac{\partial}{\partial t} \nabla \times \vec{H} = -\mu \frac{\partial}{\partial t}\left(\epsilon \frac{\partial \vec{E}}{\partial t} + \sigma \vec{E}\right) = -\mu\epsilon \frac{\partial^2 \vec{E}}{\partial t^2} - \mu\sigma \frac{\partial \vec{E}}{\partial t}$$

$$= \nabla(\nabla \cdot \vec{E}) - \nabla^2 \vec{E}$$

이 된다. 따라서 전도성 매질에서의 전계에 대한 파동방정식은 식(8-54)이 된다.

$$\nabla^2 E - \mu\epsilon \frac{\partial^2 E}{\partial t^2} - \mu\sigma \frac{\partial E}{\partial t} = 0 \qquad \text{(8-54)}$$

식(8-53)에서 두 번째 항은 전도도 σ에 관계하는 감쇄 항으로 이항으로 인해 파동이 원천에서 멀어져감에 따라 지수함수적인 감쇄를 보인다.

다. 평면파

전계파와 자계파는 항상 공존하며 이를 전자파라 한다. 특히, 전계 및 자계의 세기(진폭)가 각각 전자파의 진행방향(예, z 축)에 수직인 평면상(예, x-축상 면)에서 변화하는 경우를 평면파(平面波, plane wave)라 한다. 특히, 진폭의 방향과 진행 방향이 수직인 전자파라는 의미로 횡전자파(transverse electromagnetic wave : TEM파)라고도 한다. 이러한 평면파는 실제로는 존재하지 않으나 구면파(spherical wave)의 경우 역시 원거리에 대해서는 평면파에 근사된다. 전계는 직각좌표공간에 대해 벡터식으로 다음과 같이 표시

될 수 있다.

$$\vec{E} = E_x i + E_y j + E_z k$$

여기서 $\vec{E}$가 E_x성분만을 갖고 z-방향으로 전파하는 평면파를 생각하면 E_x에 대한 파동 방정식은 식(8-52)에 의해

$$\nabla^2 E_x = \frac{\partial^2 E_x}{\partial x^2} + \frac{\partial^2 E_y}{\partial y^2} + \frac{\partial^2 E_z}{\partial z^2} = \mu\epsilon \frac{\partial^2 E_x}{\partial t^2}$$

여기서 x, y 방향 미분항은 모두 0이 되므로 식(8-55)로 표현된다.

$$\frac{\partial^2 E_z}{\partial z^2} = \mu\epsilon \frac{\partial^2 E_x}{\partial t^2} = \frac{1}{v^2} \frac{\partial^2 E_x}{\partial t^2} \qquad \text{——— (8-55)}$$

자유공간과 마찬가지로 파동속도 $v = 1/\sqrt{\epsilon\mu}$ 이다. 즉,

$$v = \frac{1}{\sqrt{\epsilon\mu}} = \frac{1}{\sqrt{\epsilon_0\mu_0}} \frac{1}{\sqrt{\epsilon_r\mu_r}} = \frac{c}{\sqrt{\epsilon_r\mu_r}} \left[\frac{m}{s}\right]$$

이다. 일반적으로 임의 매질에서의 전자파 속도 $v = c/n$이므로 매질의 굴절률 n은 다음으로 정의될 수 있다.

$$n = \sqrt{\epsilon_r\mu_r}$$

전자파에서 자계의 세기에 대한 전계의 세기 비를 고유임피던스 (intrinsic impedance 또는 특성 임피던스, 파동 임피던스)라 한다. 이를 구해 보자.

예제

1. $\mu_r = 1$인 유전체 매질에서 전자파 속도가 $2\times10^8[m/s]$이라면 이 매질의 비유전율은 얼마인가?

$n = \frac{c}{v} = \frac{3}{2} = \sqrt{\epsilon_r} \Rightarrow \epsilon_r = 1.5^2 = 2.25$

2. $\epsilon_r = 4, \mu_r = 1$인 매질에서 주파수 $2[MHz]$의 전자파가 전파하는 속도는 얼마인가?

$v = \frac{1}{\sqrt{\epsilon\mu}} = \frac{1}{\sqrt{\epsilon_0\mu_0}}\frac{1}{\sqrt{\epsilon_r\mu_r}} = \frac{3\times10^8}{\sqrt{(4)(1)}} = 1.5\times10^8\left[\frac{m}{s}\right]$

자유공간 상에서 전계 $\vec{E}$가 E_x만을 갖고 z-방향으로 진행하는 경우, 맥스웰 방정식 중 하나인 식(8-38) $\nabla\times\vec{E} = -\frac{\partial\vec{B}}{\partial t}$를 이용하여 자계를 구하자.

$$-\frac{\partial\vec{B}}{\partial t} = \nabla\times\vec{E} = \begin{vmatrix} i & j & k \\ \frac{\partial}{\partial x} & \frac{\partial}{\partial y} & \frac{\partial}{\partial z} \\ E_x & 0 & 0 \end{vmatrix} = \frac{\partial E_x}{\partial z}j - \frac{\partial E_x}{\partial y}k$$

뒤의 포인팅벡터에서 설명하겠지만 전자파의 진행방향은 전계방향에서 자계방향으로 회전시 오른나사 진행방향이 된다. 즉, $\vec{k}$를 wave vector라 할 경우, $a_k = a_E\times a_H$가 된다. 따라서, E_x만을 고려하였고 $z-$축이 진행방향이므로 자계는 $y-$축 성분만을 고려할 수 있다. 즉, 자계의 j 성분만을 취하자. 또한 $\partial E_x/\partial y = 0$이므로

$$-\frac{\partial B_y}{\partial t} = \frac{\partial E_x}{\partial z} \rightarrow -\mu_0\frac{dH_y}{dt} = \frac{dE_x}{dz}$$

으로 표현할 수 있다. 또한 식(8-50)으로부터 $E_x = E_m cos(wt - \frac{w}{c}z)[V/m]$ 이므로

$$\frac{dH_y}{dt} = -\frac{1}{\mu_0}\frac{dE_x}{dz} = -\frac{1}{\mu_0}\frac{w}{c}E_m\sin\left(wt - \frac{w}{c}z\right)$$

이다. 따라서,

$$H_y = -\frac{w}{\mu_0 c}E_m \int \sin\left(wt - \frac{w}{c}z\right)dt$$

$$= \frac{w}{\mu_0 c}\frac{E_m}{w}\cos\left(wt - \frac{w}{c}z\right) = \frac{1}{\mu_0 c}E_x \left[\frac{A}{m}\right]$$

이다. E_x 와 H_y의 진폭 비인 고유임피던스 η_0 (자유공간)을 구하자.

$$\eta_0 = \frac{E_x}{H_y} = \mu_0 c = \frac{\mu_0}{\sqrt{\mu_0 \epsilon_0}} = \sqrt{\frac{\mu_0}{\epsilon_0}} = 120\pi = 377\,[\Omega] \qquad \text{(8-56)}$$

η_0는 매질에 따라 정해지는 고유한 값으로 일반 매질(μ, ϵ)에 대한 고유임피던스 η는 다음과 같이 주어진다.

$$\eta = \frac{E}{H} = \sqrt{\frac{\mu}{\epsilon}} = 377\sqrt{\frac{\mu_r}{\epsilon_r}}\ [\Omega] \qquad \text{(8-57)}$$

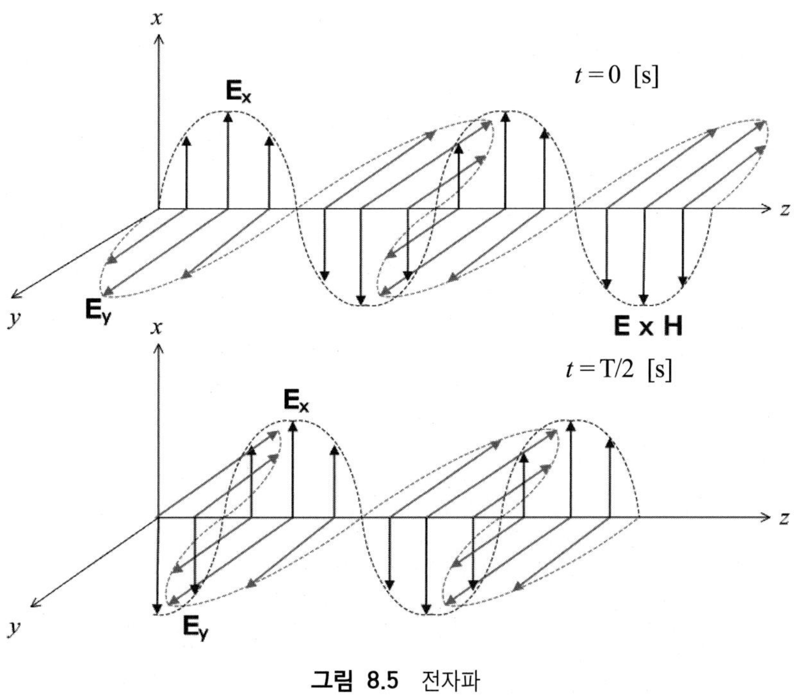

그림 8.5 전자파

E가 x, y성분을 가질 경우 식(8-57)의 E, H의 크기는 피타고라스 정리로 구하면 된다. 또한 식(8-56)로부터 자유공간에서 전계와 자속밀도 간의 관계를 구할 수 있다. 즉,

$$\frac{E}{H} = \sqrt{\frac{\mu_0}{\epsilon_0}} = E\,\frac{\mu_0}{B} \Rightarrow \therefore E = \frac{B}{\sqrt{\epsilon_0 \mu_0}} = cB$$

이 된다. 물론 일반 매질에 대해서 $E = vB$의 관계를 갖는다. 전자계에서는 그림 8.5와 같이 電波와 磁波가 공존하고 서로 직교한다.

자유공간에 대해, $\eta_0 = \frac{E_x}{H_y} = \sqrt{\frac{\mu_0}{\epsilon_0}} = 377\,[\Omega]$ 이므로 H_y는 E_x의 $\frac{1}{377}$ 배로 전파의 크기가 상대적으로 크므로 전자파를 전파(電波, electric wave)라 하기도 한다.

예제

물속에서의 평면전자파의 전계가 $E = E_m \sin\left(wt + \frac{wz}{v}\right)\left[\frac{V}{m}\right]$일 때, 물속에서 자계의 세기 및 전파속도를 구하라. (단, 물의 $\epsilon_r = 80, \mu_r = 1$)

식(8-57)에 의하여 고유임피던스는 $\eta = \frac{E_m}{H_m} = \sqrt{\frac{\mu}{\epsilon}} = 377\sqrt{\frac{\mu_r}{\epsilon_r}} = 42.15\,[\Omega]$.

따라서 $H_m = E_m/\eta = 2.37 \times 10^{-2} E_m$.

물속에서 자계의 세기 관계식 : $H = H_m \sin\left(wt - \frac{wz}{v}\right)$

$$= 2.37 \times 10^{-2} E_m \sin\left(wt - \frac{wz}{v}\right)\left[\frac{A}{m}\right]$$

물속에서의 전파속도 $v = \frac{1}{\sqrt{\epsilon\mu}} = \frac{1}{\sqrt{\epsilon_0\mu_0}}\frac{1}{\sqrt{\epsilon_r\mu_r}} = \frac{3 \times 10^8}{\sqrt{80}} = 0.35 \times 10^8 \left[\frac{m}{s}\right]$

KBS 서울라디오($f = 792\,[kHz]$)의 서울 발신 시보가 부산에서 수신되는 경우를 생각하자. 서울발신 전계파를 $E_x = E_m \cos\left(wt - \frac{w}{c}z\right)\left[\frac{V}{m}\right]$라 하자. 여기서 w는 각주파수(angular frequency)이고 $w/c = k\,[rad/m]$는 위상정수(位相定數, phase constant) 또는 전파상수(propagation constant)이다.

각주파수 $w = 2\pi f = 4.98 \times 10^6 [rad/s]$이고 서울–부산 간 거리 $z = 420[km]$으로 생각하면 다음과 같은 특성을 알 수 있다.

(a) 전파속도 $c = \dfrac{1}{\sqrt{\epsilon_0 \mu_0}} = 3 \times 10^8 \left[\dfrac{m}{s}\right]$

(b) 지연시간 $\tau = \dfrac{z}{c} = \dfrac{420 \times 10^3}{3 \times 10^8} = 1.4 \times 10^{-3} = 1.4[ms]$

(c) 파장 $\lambda = \dfrac{c}{f} = 378.8[m]$

(d) 전파상수 $k = \dfrac{w}{c} = \dfrac{2\pi}{\lambda} = 1.66 \times 10^{-2} \left[\dfrac{rad}{m}\right]$

(e) 고유임피던스 $\eta_0 = \sqrt{\dfrac{\mu_0}{\epsilon_0}} = 377[\Omega]$

(f) 서울 발신 전파 $(z=0)$: $E_x = E_m \cos wt [V/m]$

(g) 부산에서의 자계파 표현식 :

$$H_y = \frac{1}{\eta_0} E_x(\text{부산}) = \frac{1}{377} E_m cos w(t - \frac{z}{c})$$

$$= \frac{1}{377} E_m cos(5 \times 10^6)(t - 1.4 \times 10^{-3})\ [A/m]$$

8.5 Poynting 정리

균일 전자계가 평면파를 이루고 전파한다면 진행방향에 수직한 단면을 단위시간에 통과하는 에너지를 전계와 자계의 함수로 표현할 수 있다. 이것이 J.H. Poynting(영국, 1884)에 의해 제안된 포인팅정리이다.

자유공간 내에 전계 E와 자계 H가 공존하는 전자계에서 단위체적에 저장되는 전계와 자계 에너지 즉, 에너지밀도는 식 (8–58)로 주어진다.

$$w = \frac{1}{2}\vec{E} \cdot \vec{D} + \frac{1}{2}\vec{H} \cdot \vec{B} = \frac{1}{2}\left(\epsilon_0 E^2 + \mu_0 H^2\right)\left[\frac{J}{m^3}\right] \qquad \text{(8–58)}$$

특히, 전계 및 자계에너지밀도는 다음에서 보는 바와 같이 동일한 크기를 가지므로 전자파에서 에너지는 전계, 자계성분에 의해 동등하게 분할됨을 알 수 있다.

$$w_H = \frac{1}{2}BH = \frac{1}{2\mu_0}B^2 = \frac{1}{2\mu_0}\left(\frac{E}{c}\right)^2 = \frac{1}{2\mu_0}\frac{E^2}{\frac{1}{\epsilon_0\mu_0}} = \frac{1}{2}\epsilon_0 E^2 = w_E$$

그림 8.6과 같이 $\vec{E}$와 $\vec{H}$의 전자계가 평면파를 이루고 c속도로 전파된다면, 진행방향에 수직한 단위면적을 단위시간에 통과하는 에너지밀도 S를 구하자.

$S = wc\left[\frac{J}{m^3}\frac{m}{s} = \frac{1}{m^2}\frac{J}{s} = \frac{W}{m^2}\right]$로부터 계산될 수 있다. 즉,

$$S = cw = \frac{c}{2}\left(\epsilon_0 E^2 + \mu_0 H^2\right)\left[\frac{W}{m^2}\right]$$

이 된다. $c = \frac{1}{\sqrt{\epsilon_0\mu_0}}$, $E = \sqrt{\frac{\mu_0}{\epsilon_0}}H\left[\frac{V}{m}\right]$를 대입하면 식(8-59)을 얻을 수 있다.

$$S = \frac{1}{\sqrt{\epsilon_0\mu_0}}\left[\frac{1}{2}\epsilon_0 E\left(\sqrt{\frac{\mu_0}{\epsilon_0}}H\right) + \frac{1}{2}\mu_0 H\left(\sqrt{\frac{\epsilon_0}{\mu_0}}E\right)\right] \qquad \text{(8-59)}$$

$$= EH\left[\frac{W}{m^2}\right]$$

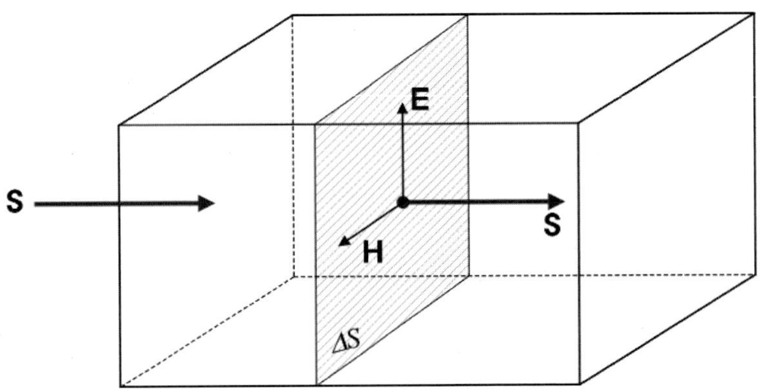

그림 8.6 전자계에서 단위체적에 저장되는 전계, 자계 에너지와 Poynting 벡터 설명

즉, 단위면적을 통과하여 흐르는 전력은 EH이며, 또한 평면파의 경우에 E와 H는 서로 수직이다. 따라서 식 (8-60)이 얻어진다.

$$\vec{S} = \vec{E} \times \vec{H} \qquad \text{(8-60)}$$

식(8-60)은 전자파에너지(전력)의 방향과 크기를 표시한다. 이때 벡터 $\vec{S}$를 Poynting vector라 한다. 전자파가 일정 면적 A를 통해 흐른다면 초당 저장되는 에너지 즉 파워는 식(8-61)로 주어진다.

$$Power = \frac{Energy}{s} = \int_A \vec{S} \cdot d\vec{A} = \int_A \vec{E} \times \vec{H} \cdot d\vec{A} \left[\frac{J}{s} = W\right] \qquad \text{(8-61)}$$

부록

A 본 서에서 사용된 주요 전자기 심볼, 용어와 단위

심볼	용어	단위
F	힘(force)	N
Q	전하량(electric charge)	C
E	전계의 세기(electric field intensity)	V/m
ϕ	전속(electric flux)	C
	자속(magnetic flux)	Wb
D	전속밀도(electric flux density)	C/m^2
B	자속밀도(magnetic flux density)	T(Wb/m^2)
W	일, 에너지(work, energy)	J
V	전위(electric potential)	V
I	전류(current)	A
J	전류밀도(current density)	A/m^2
R	저항(resistance)	Ω
P	분극의 세기(polarization intensity), 분극도	C/m^2
C	커패시턴스(capacitance)	F
H	자계의 세기(magnetic field intensity)	A/m
T	회전력(torque)	N m
M	전기쌍극자모멘트(electric dipole moment)	C m
	자기쌍극자모멘트(magnetic dipole moment)	Wb m(A m^2)
	자화의 세기(magnetization)	wb/m^2
L	인덕턴스(inductance)	H
v	속도(velocity)	m/s
ϵ_0, ϵ_r	유전율(dielectric constant, permittivity)	F/m
μ_0, μ_r	투자율(permeability)	H/m
ρ_v, ρ	체적전하밀도(volume charge density)	C/m^3
ρ_L, ρ_l	선전하밀도(linear charge density)	C/m
ρ_S	면전하밀도(surface charge density)	C/m^2
σ	전도도(conductivity)	$1/\Omega m$
χ	전화율, 자화율(susceptibility)	
ω_E, ω_H	에너지밀도	J/m^3
ω	각주파수(angular frequency)	rad/s
	입체각(solid angle)	sr
λ	파장(wavelength)	m
k	파수(wave number)	1/m
S	포인팅벡터(Poynting vector)	W/m^2

B 물리상수(CGS, MKSA 단위계)

electron mass (free, rest mass)	$m_e = 9.11 \times 10^{-28}[g] = 9.11 \times 10^{-31}[kg]$ $= 5.5 \times 10^{-4}[amu]$
proton mass	$m_p = 1.673 \times 10^{-27}[kg] = 1[amu]$
electron charge	$e = 1.602 \times 10^{-19}[C]$
light speed(vacuum)	$c = 2.998 \times 10^{10}[cm/s] = 2.998 \times 10^{8}[m/s]$
Planck constant	$h = 6.626 \times 10^{-27}[erg \cdot s = g \cdot cm^2/s]$ $= 4.136 \times 10^{-15}[eV \cdot s]$ $= 6.626 \times 10^{-34}[J \cdot s]$ $\hbar = 1.054 \times 10^{-27}[erg \cdot s = g \cdot cm^2/s]$ $= 6.570 \times 10^{-16}[eV \cdot s]$ $= 1.054 \times 10^{-34}[J \cdot s]$
Avogadro constant	$N_0 = 6.022 \times 10^{23}[atoms/mol]$
Boltzmann constant	$k_B = 1.381 \times 10^{-16}[erg/K] = 8.616 \times 10^{-5}[eV/K]$ $= 1.381 \times 10^{-23}[J/K]$
value of k_BT(R.T)	$k_BT = 0.0259[eV]$
photon E[eV] vs. $\lambda[\mu m]$	$E \cdot \lambda = 12396.4[eV \cdot \text{Å}]$
permittivity (vacuum)	$\epsilon_0 = 8.854 \times 10^{-12}[F/m]$
permeability (vacuum)	$\mu_0 = 4\pi \times 10^{-7} = 1.257 \times 10^{-6}[H/m]$

C 단위변환

$$1[eV] = 1.062\times10^{-12}\left[\frac{g\,cm^2}{s^2} = erg\right] = 1.062\times10^{-19}\left[\frac{kg\,m^2}{s^2} = J\right]$$

$$1[J] = 1\left[\frac{kg\,m^2}{s^2}\right] = 10^7[erg] = 10^7\left[\frac{g\,cm^2}{s^2}\right] = 2.39\times10^{-1}[cal]$$

$$1[Rydberg] = 13.6[eV]$$

$$1\left[\frac{1}{\Omega cm} = \frac{S}{cm}\right] = 1\times10^2\left[\frac{1}{\Omega m} = \frac{S}{m}\right]$$

$$1[C] = 1[A\,s] = 1\left[\frac{J}{V}\right]$$

$$1[N] = 10^5[dyne],\ 1[J] = 10^7[erg]$$

$$1[T] = 10^4[Gauss],\ 1\left[\frac{A}{m}\right] = 4\pi\times10^{-3}[Oe]$$

$$1\left[Pa = \frac{N}{m^2}\right] = 10\left[\frac{dyne}{cm^2} = \mu bar\right]$$

$$1[atm] = 760[mmHg] = 760[Torr] = 1013[mbar]$$

$$1[Torr] = 1[mmHg] = 133.3[Pa]$$

D 전기관련 공식

$$V[V] = I[A]\,R[\Omega]$$

$$I[A] = \frac{Q}{t}\left[\frac{C}{s}\right]$$

$$\sigma\left[\frac{1}{\Omega\,cm}\right] = n\left[\frac{elns}{cm^3}\right]q\left[\frac{C}{eln}\right]\mu\left[\frac{cm^2}{Vs}\right] = nq\mu\left[\frac{C}{cm\ Vs} = \frac{1}{cm}\frac{A}{V} = \frac{1}{\Omega\,cm}\right] = \frac{1}{\rho}$$

$$R_v = \rho\frac{l}{wd}\,(l : length,\ w : width,\ d : thickness)$$

$$R_S = \rho\frac{1}{d}\left[\frac{\Omega}{square}\right](l = w,\ squre\ film) : \rho = R_s d$$

E 라플라스 변환

※ 다음과 같은 방법을 이용하여 선형 상미분 방정식의 해를 구한다.

(i) 주어진 미분방정식(t함수) → 대수방정식(s함수) ($\mathcal{L}$ 변환)

(ii) 대수방정식의 해

(iii) 구한 해가 주어진 미분방정식의 해가 되도록 역 Laplace 변환

※ 원함수 $f(t)$의 Laplace transformation의 정의

$$F(s) = \int_0^\infty e^{-st} f(t)\, dt = \mathcal{L}[f(t)]$$

s : 복소변수로 라플라스 연산자

$F(s)$로부터 $f(t)$를 얻기 위한 역 라플라스 변환(reverse Laplace transformation)

$f(t) = \mathcal{L}^{-1}[F(s)]$; 라플라스 변환표 이용

※ $\mathcal{L}$ 변환표 요약

$$\mathcal{L}(1) = \int_0^\infty e^{-st} dt = -\frac{1}{s}\left[e^{-st}\right]_0^\infty = \frac{1}{s}(t \geq 0)$$

$$\mathcal{L}(e^{at}) = \int_0^\infty e^{-st} e^{at} dt = \int_0^\infty e^{-(s-a)t} dt = \frac{1}{s-a}$$

$$\mathcal{L}(t^n) = \frac{n!}{s^{n+1}},\ \mathcal{L}(t^2) = \frac{2!}{s^3}$$

$$\mathcal{L}(t^a)(a>0) = \frac{\Gamma(a+1)}{s^{a+1}}$$

$$\mathcal{L}(\cos wt) = \frac{s}{s^2+w^2},\ \mathcal{L}(\sin wt) = \frac{w}{s^2+w^2}$$

$$\mathcal{L}(\cosh at) = \frac{s}{s^2-a^2},\ \mathcal{L}(\sinh at) = \frac{a}{s^2-a^2}$$

$$\mathcal{L}(e^{at}\cos wt) = \frac{s-a}{(s-a)^2+w^2},\ \mathcal{L}(e^{at}\sin wt) = \frac{w}{(s-a)^2+w^2}$$

※ 선형정리

$$\mathcal{L}[af(t)+bg(t)] = a\mathcal{L}[f(t)]+b\mathcal{L}[g(t)]$$

예) $f(t) = \cosh at = (e^{at}+e^{-at})/2$ 이면 $\mathcal{L}(f) = ?$

$$\mathcal{L}[f(t)] = \frac{1}{2}\mathcal{L}(e^{at})+\frac{1}{2}\mathcal{L}(e^{-at}) = \frac{1}{2}\left(\frac{1}{s-a}+\frac{1}{(s+a)}\right)$$

$\therefore s > a\ (a > 0)$일 때 $F(s) = \dfrac{s}{(s^2-a^2)}$ $\rightarrow \mathcal{L}^{-1}[F(s)] = \cosh at$ (역변환표)

예) $f(t) = 2\sin 5t + e^{-2t} + 3t + 7$

$$F(s) = 2\mathcal{L}(\sin 5t)+\mathcal{L}(e^{-2t})+3\mathcal{L}(t)+\mathcal{L}(7) = \frac{10}{s^2+25}+\frac{1}{s+2}+\frac{3}{s^2}+\frac{7}{s}$$

※ 제1이동정리(s축 이동)

$$\mathcal{L}[f(t)e^{at}] = F(s-a) \Rightarrow ex)\ \mathcal{L}(t^n e^{at}) = \frac{n!}{(s-a)^{n+1}}$$

$$\mathcal{L}^{-1}[F(s-a)] = f(t)e^{at}$$

※ 제2이동정리(t축 이동)

$$\mathcal{L}[f(t-a)u(t-a)] = e^{-as}F(s)$$

$$\mathcal{L}^{-1}[F(s)e^{-as}] = f(t-a)u(t-a)$$

※ 미분정리

함수 $f(t)$, 도함수 $d[f(t)]/dt$가 $t > 0$에서 연속, 부분연속이면 다음식이 성립한다.

$$\mathcal{L}(f') = s\mathcal{L}(f)-f(0)$$

$$\mathcal{L}[f''] = s^2\mathcal{L}(f)-sf(0)-f'(0)$$

$$\mathcal{L}[f'''] = s^3\mathcal{L}(f)-s^2f(0)-sf'(0)-f''(0)$$

(증명) $\mathcal{L}\,[f'(t)] = \int_0^\infty f'(t)\,e^{-st}dt = \mathcal{L}\,[af(t) + bg(t)\,] = a\mathcal{L}\,[f(t)] + b\mathcal{L}\,[g(t)]$

$$= -f(0) + s\,F(s)$$

$$\mathcal{L}\,[f''(t)] = s\,\mathcal{L}\,[f'(t)] - f'(0) = s\,[s\,F(s) - f(0)] - f'(0)$$

※ 적분정리

$$\mathcal{L}\left[\int_0^t f(\tau)\,d\tau\right] = \frac{1}{s}\,\mathcal{L}\,(f)$$

F 유용한 수학공식

1. 삼각함수

$$\sin(x \pm y) = \sin x \cos y \pm \cos x \sin y$$

$$\cos(x \pm y) = \cos x \cos y \mp \sin x \sin y$$

$$\tan(x \pm y) = \frac{\tan x \pm \tan y}{1 \mp \tan x \tan y}$$

$$\sin 2x = 2\sin x \cos x$$

$$\cos 2x = \cos^2 x - \sin^2 x = 2\cos^2 x - 1 = 1 - 2\sin^2 x$$

$$\tan 2x = \frac{2\tan x}{1 - \tan^2 x}$$

$$\sin(x+y) + \sin(x-y) = 2\sin x \cos y$$

$$\cos(x+y) + \cos(x-y) = 2\cos x \cos y$$

$$\sin(x+y) - \sin(x-y) = 2\cos x \sin y$$

$$\cos(x+y) - \cos(x-y) = -2\sin x \sin y$$

$$\sin x + \sin y = 2\sin\frac{1}{2}(x+y)\cos\frac{1}{2}(x-y)$$

$$\sin x - \sin y = 2\cos\frac{1}{2}(x+y)\sin\frac{1}{2}(x-y)$$

$$\cos x + \cos y = 2\cos\frac{1}{2}(x+y)\cos\frac{1}{2}(x-y)$$

$$\cos x - \cos y = -2\sin\frac{1}{2}(x+y)\sin\frac{1}{2}(x-y)$$

$$\sin^2 x + \cos^2 y = 1$$

$$\sin hx = \frac{e^x - e^{-x}}{2}, \ \cos hx = \frac{e^x + e^{-x}}{2}$$

$$\tan hx = \frac{\sin hx}{\cos hx} = \frac{e^x - e^{-x}}{e^x + e^{-x}}, \ \cot hx = \frac{\cos hx}{\sin hx} = \frac{e^x + e^{-x}}{e^x - e^{-x}}$$

$$\sinh(x \pm jy) = \sinh x \cos y \pm j\cosh x \sin y$$

$$\cosh(x \pm jy) = \cosh x \cos y \pm j\sinh x \sin y$$

$$\cos h(jx) = \frac{1}{2}(e^{jx} + e^{-jx}) = \cos x, \ \sin h(jx) = \frac{1}{2}(e^{jx} - e^{-jx}) = j\sin x$$

$e^{\pm jx} = \cos x \pm j\sin x$, $e^{\pm x} = \cosh x \pm \sinh x$

$\cos hx = \cos jx$, $j\sinh x = \sin jx$

$$\tanh(x \pm jy) = \frac{\sinh 2x}{\cosh 2x + \cos 2y} \pm j\frac{\sin 2y}{\cosh 2x + \cos 2y}$$

$$\coth(x \pm jy) = \frac{\sinh 2x}{\cosh 2x - \cos 2y} \pm j\frac{\sin 2y}{\cosh 2x - \cos 2y}$$

2. 로그함수, low-angle 근사식($x \ll 1$)

$e = 2.71828$, $\log_{10} x = \log x$, $\log_e x = \ln x$

$\log_a a = 1$, $\log_a 1 = 0$

$\log x = 0.4343 \ln x$, $\ln x = 2.3026 \log x$

$\log(xy) = \log x + \log y$, $\log(x/y) = \log x - \log y$

$\log x^n = n \log x$, $\log \sqrt[n]{x} = \frac{1}{n}\log x$

$(1 \pm x)^n \approx 1 \pm nx$

$(1+x)^2 \approx 1 \pm 2x$, $\sqrt{1+x} \approx 1 + \frac{1}{2}x$, $\frac{1}{\sqrt{1+x}} \approx 1 - \frac{1}{2}x$

$e^x \approx 1 + x$, $\ln(1+x) = x$

$\sin x \approx \tan x \approx x$, $\cos x \approx 1$, $\tanh x \approx x$

3. 급수

이항전개 : $(x+y)^n = x^n + nx^{n-1}y + \frac{1}{2!}n(n-1)x^{n-2}y^2 + \frac{1}{3!}n(n-1)(n-2)x^{n-3}y^3 + \ldots$

Maclaurin 급수 : $f(x) = f(0) + f'(0)x + \frac{1}{2!}f''(0)x^2 + \frac{1}{3!}f'''(0)x^3 + \frac{1}{4!}f^{(4)}(0)x^4 + \ldots$

$$\frac{1}{1-x}(|x|<1) = 1 + x + x^2 + x^3 \ldots = \sum_{m=0}^{\infty} x^m$$

$$e^x = \frac{x^0}{0!} + \frac{x^1}{1!} + \frac{x^2}{2!} + \frac{x^3}{3!} \ldots = 1 + \frac{x^1}{1!} + \frac{x^2}{2!} + \frac{x^3}{3!} \ldots = \sum_{m=0}^{\infty} \frac{x^m}{m!} \, (0! = 1! = 1)$$

$$\cos x = \frac{x^0}{0!} - \frac{x^2}{2!} + \frac{x^4}{4!} - \frac{x^6}{6!} + \ldots = 1 - \frac{x^2}{2!} + \frac{x^4}{4!} - \frac{x^6}{6!} + \ldots = \sum_{m=0}^{\infty} \frac{(-1)^m x^{2m}}{(2m)!}$$

$$\sin x = \frac{x^1}{1!} - \frac{x^3}{3!} + \frac{x^5}{5!} - \frac{x^7}{7!} + \ldots = x - \frac{x^3}{3!} + \frac{x^5}{5!} - \frac{x^7}{7!} + \ldots = \sum_{m=0}^{\infty} \frac{(-1)^m x^{2m+1}}{(2m+1)!}$$

: 무한급수의 수렴반경 $R \Rightarrow \frac{1}{R} = \lim_{m\to\infty}\left|\frac{a_{m+1}}{a_m}\right|$, 수렴구간 $|x| < R$

Taylor 급수 : $f(x+y) = f(x) + f'(x)y + \frac{1}{2!}f''(x)y^2 + \frac{1}{3!}f'''(x)y^3 + \ldots$

4. 미분, 적분공식

$d(x+y) = dx + dy$

$d(xy) = ydx + xdy$

$d(x^n) = nx^{n-1}dx$

$d\left(\frac{y}{x}\right) = \frac{xdy - ydx}{x^2}$

$d(\sin x) = \cos x\, dx$

$d(\cos x) = -\sin x\, dx$

$d(\tan x) = \sec^2 x\, dx$

$d(\cot x) = -\mathrm{cosec}^2 x\, dx$

$d(\sec x) = \sec x \tan x\, dx$

$d(\mathrm{cosec}\, x) = -\mathrm{cosec}\, x \cot x\, dx$

$d(\log_a x) = \frac{\log_a e}{x} dx$

$d(\ln x) = \frac{1}{x} dx$

$d(a^x) = a^x \ln a\, dx$

$d(e^x) = e^x dx$

$\int x^n dx = \frac{x^{n+1}}{n+1} + C$

$\int \frac{1}{x} dx = \ln x + C$

$\int a^x dx = \frac{a^x}{\ln a} + C$

$\int e^x dx = e^x + C$

$\int \sin x\, dx = -\cos x + C$

$\int \cos x\, dx = \sin x + C$

$\int \sec^2 x\, dx = \tan x + C$

$\int \mathrm{cosec}^2 x\, dx = -\cot x + C$

$\int \sec x \tan x\, dx = \sec x + C$

$\int \mathrm{cosec}\, x \cot x\, dx = -\mathrm{cosec}\, x + C$

$\int \tan x\, dx = \ln \sec x + C$

$\int \cot x\, dx = \ln \sin x + C$

$\int \sec x\, dx = \ln(\sec x + \tan x) + C$

$\int \mathrm{cosec}\, x\, dx = \ln(\mathrm{cosec}\, x - \cot x) + C$

$\int \frac{1}{\sqrt{a^2 - x^2}} dx = \sin^{-1}\frac{x}{a} + C$

$\int \frac{1}{a^2 + x^2} dx = \frac{1}{a}\tan^{-1}\frac{x}{a} + C$

$\int \frac{1}{x\sqrt{x^2 - a^2}} dx = \frac{1}{a}\sec^{-1}\frac{x}{a} + C$

$\int \frac{1}{\sqrt{x^2 \pm a^2}} dx = \ln(x + \sqrt{x^2 \pm a^2}) + C$

$$\int \frac{1}{a^2 - x^2}\, dx = \frac{1}{2a} \ln \frac{a+x}{a-x} + C \; (x^2 < a^2)$$

$$\int \frac{1}{x^2 - a^2}\, dx = \frac{1}{2a} \ln \frac{x-a}{x+a} + C \; (x^2 > a^2)$$

$$\int \sqrt{a^2 - x^2}\, dx = \frac{x}{2} \sqrt{a^2 - x^2} + \frac{a^2}{2} \sin^{-1} \frac{x}{a} + C$$

$$\int \sqrt{x^2 \pm a^2}\, dx = \frac{x}{2} \sqrt{x^2 \pm a^2} \pm \frac{a^2}{2} \ln (x + \sqrt{x^2 \pm a^2}) + C$$

참고문헌

1. W. H. Hayt, J. A. Buck, *Engineering Electromagnetics* (6th edition, McGraw–Hill, 2001).

2. E. Kreyszig, *Advanced Enginnering Mathematics* (8th edition, John Willey & Sons, 1999).

3. J.D. Kraus, D.A. Fleisch, *Electromagnetics* (5th edition, MaGraw–Hill, 1999).

4. J.A. Edminister, *Electromagnetics* (Schaum's outline series, McGraw–Hill, 1979).

색인

ㅈ

ㅊ

저자

이현용

광운대학교 전자재료 공학박사(1995)
현재 전남대학교 응용화학공학부 광·전화공소재전공, 부교수

<주요경력>

1999-2002 일본 동북대 금속재료연구소 조수
2003-2006 (주)피피아이 연구소장
2003-2006 전남대학교 응용화학공학부 조교수
2007- 전남대학교 응용화학공학부 부교수

<저서 및 역서>

(저서) 비정질박막재료와 그의 응용(전남대학교출판부, 2003)
(저서) 반도체물성공학(전남대학교출판부, 2006)
(저서) 광자결정의 기초(북스힐, 2009)
(역서) 광촉매기술사업화 최전선(전남대학교출판부, 2009)
(역서) 에너지와 나노테크놀로지(전남대학교출판부, 2008)

<연구분야>

광자결정 및 준결정, 광-바이오센서, 상변화메모리
비정질박막의 물성 등

알기쉬운 전자기학

초판발행 | 2010년 12월 27일
재판인쇄 | 2013년 8월 05일
재판발행 | 2013년 8월 15일

저자 | 이현용
발행 | 김윤수
발행처 | 전남대학교출판부

등록 | 1981. 5. 21. 제53호
주소 | 500-757 광주광역시 북구 용봉로 77
전화 | (062) 530-0571~3
팩스 | (062) 530-0579
홈페이지 | http://altair.chonnam.ac.kr/~cnup

값 13,000원

ISBN 978-89-7598-873-8 (93560)

이 도서의 국립중앙도서관 출판시도서목록(CIP)은 e-CIP홈페이지 (http://www.nl.go.kr/ecip)에서 이용하실 수 있습니다.
(CIP제어번호 : CIP2010004704)